MENSCH, FISCH!

Schriftenreihe des Landesmuseums Natur und Mensch, Heft 90

Herausgegeben von Peter-René Becker, Ulf Beichle
Niedersächsische Landesmuseen
Landesmuseum Natur und Mensch Oldenburg
Damm 38–44, 26135 Oldenburg

Katalog zur Sonderausstellung

„Mensch, Fisch!“
vom 10. November 2012 bis zum 07. April 2013

MENSCH, FISCH!

Landesmuseum Natur und Mensch Oldenburg

Katalog zur Sonderausstellung
des Landesmuseums Natur und Mensch Oldenburg
vom 10. November 2012 bis zum 07. April 2013

ISENSEE VERLAG

Die Ausstellung wird unterstützt von

Niedersächsisches Ministerium für Wissenschaft und Kultur

BINGO! Umweltstiftung Niedersachsen

Stiftung Niedersachsen

VR Stiftung – VR-Stiftung der Volksbanken und Raiffeisenbanken in Norddeutschland

OOWV

Volksbank Oldenburg eG

HANSEATIC NETS & ROPES seit 1905 www.netze-taue.de

Katalog:

Redaktion: Peter-René Becker
Bildredaktion: Ulf Beichle
Layout/Satz: Marion Martens
Bildbearbeitung: Torsten Schöning
Umschlaggestaltung: HGB44, Hannover

Ausstellung:

Ausstellungsidee: Peter-René Becker
Konzeption: Peter-René Becker, Ulf Beichle
Ausstellungstexte und Objektbeschriftungen: Peter-René Becker, Ulf Beichle, Frank Both, Michael Gautier, Julia Linn, Silke Mosel
Ausstellungsgestaltung: HGB44, Hannover
Ausstellungsgrafik: Marion Martens, Torsten Schöning, Elvira Spiller
Ausstellungstechnik: Wolfgang Kehmeier, Hans-Joachim Kössler, Christine Menter, Heiko Nienstermann
Öffentlichkeitsarbeit und Marketing: Lena Nietschke
Medien: Jörg Schwanke, Touchmedia KG, Oldenburg

Bibliografische Information der Deutschen Nationalbibliothek

Die Deutsche Nationalbibliothek verzeichnet diese Publikation in der Deutschen Nationalbibliografie; detaillierte bibliografische Daten sind im Internet über <http://dnb.ddb.de> abrufbar.

ISBN: 978-3-89995-928-4

Gedruckt bei: Isensee Oldenburg

Inhaltsverzeichnis

Vorwort

Fische kennt jedes Kind. Sie sind neben Vögeln im Flug die ersten Tiere, die Kinder zeichnend zu Papier bringen. Für viele hört damit allerdings das Interesse an Fischen auf, eventuell essen sie später noch Fischstäbchen.

Manche Menschen aber packt das Interesse an Fischen wesentlich nachhaltiger. Sie richten sich entweder schon als Kinder kleine Aquarien ein und beobachten heimische oder exotische Fischarten im nachgestellten Habitat. Oder sie träumen von einem Gartenteich mit Goldfischen oder Koi-Karpfen ... und wundern sich dann, dass sie weder Kaulquappen noch Libellenlarven im Teich haben.

Natürlich gibt es auch ein jagendes Interesse am Fisch: Angler müssen sich mit der Biologie der Fische, ihren Eigenheiten und Gewohnheiten vertraut machen, wollen sie Fangerfolge außerhalb von Angelteichen haben. Und wie bei den „Großen", den Erwerbsfischern auf den Meeren, müssen sie auf Mindestlängen, Schonzeiten und Schutzgebiete achten, damit sie nur solche Fische fangen, die schon abgelaicht und sich vermehrt haben können. Nur so kann im Großen wie im Kleinen nachhaltiger Fischfang betrieben werden.
Letzten Endes mag die ‚Faszination Fisch' sogar das Berufsziel bestimmen. Sei es im unmittelbaren Fischereisektor, im Hobbybereich oder in der Ichthyologie, der Wissenschaft vom Fisch. Diese Berufe hängen enger zusammen als man zunächst meinen möchte, ist doch der Fischwissenschaftler heute sowohl im professionellen Fischereimanagement gefragt als auch in der modernen Aquaristik.

Fische können uns also das ganze Leben lang begleiten. „Mensch, Fisch!" zeigt detailliert und mit belastbaren Fakten die einzelnen Facetten auf, vergisst aber nicht den emotionalen Zugang zum Fisch, ohne den es die Erfolgsgeschichte ‚Fisch' nicht gäbe: Er ist in den Vorstellungen vieler Völker und Religionen Symbol- und Hoffnungsträger, er ist besungen, bedichtet und gemalt, bleibt aber letztlich ein fragiles Gut unserer Flüsse, Seen und Meere.

Peter-René Becker, Ulf Beichle

Eine kurze Geschichte von Fischen und Menschen

Peter-René Becker

Seit Millionen von Jahren teilen sich die Fische die Natur mit dem Menschen bzw. seinen Vorläufern. Obwohl es eine klare Trennung der Lebensräume gibt, weil Menschen an Land und Fische im Wasser leben, gab es offensichtlich von Anfang an ein großes Interesse der Menschen an den Fischen – umgekehrt weniger. Wir können davon ausgehen, dass Fische schon immer zur Nahrung unserer Vorfahren gehörten. Der Film „Das Geheimnis des aufrechten Gangs" (2012) geht sogar davon aus, dass die Vorfahren des Menschen sich aufrichteten, um sich an das Leben an Ufern und Gestaden anzupassen. Der Berliner Humanbiologe Carsten Niemitz argumentiert unter anderem, dass der Körper des Menschen deutliche Anzeichen einer Anpassung an längere, aufrechte Aufenthalte im Wasser aufweise und dass die in diesem Umfeld erbeutete Nahrung wie Fisch, Muscheln und Meeresfrüchte von besonderer Bedeutung für die Entwicklung des Gehirns war und es bis heute sei. Archäologisch gibt es Hinweise, dass Fischfang in Europa seit 300 000 Jahren praktiziert wird (Böhme 2007); auf Höhlenmalereien sind Fische vor über 20 000 Jahren abgebildet (Nellen & Dulcic 2008).

Zur Evolution der Fische

Aber erzählen wir die Geschichte von Anfang an. Fische haben sich in der Evolution vor etwa 410 Millionen Jahren entwickelt, d. h. sie lassen sich fossil seit dem oberen Silur nachweisen. Fische? Wenn wir von Fischen reden, meinen wir hier die Knorpel- und Knochenfische mit ihren etwa 26 000 Arten. Zu den Knorpelfischen zählen heute die Haie, Rochen und Chimären, zu den Knochenfischen alle übrigen lebenden Fischgruppen. Weil sich Echte Fische zoologisch von ihren evolutiven Vorläufern dadurch unterscheiden, dass sie einen Kiefer und zwei Paar Flossen haben, gehören die kieferlosen Neunaugen und Schleimfische nicht zu diesem engeren Kreis – selbst wenn die drei in Deutschland vorkommenden Neunaugen-Arten 2012 zum „Fisch des Jahres" gekürt worden sind. Die Gruppe der Kieferlosen, auch Agnatha genannt, ist fossil gut 50 Millionen Jahre älter als die der Echten Fische. Noch älter, selbst ebenfalls keine Fische, sondern bestenfalls ihr ‚Stammvater', sind die Lanzettfischchen (*Branchiostoma* spec.). Sie leben nahezu weltweit im Flachwasser der Meere bis in 40 m Tiefe. Fossil treten sie seit dem Kambrium auf, also vor ca. 560 Millionen Jahren.

Wie dynamisch und erkenntnisreich die Erforschung der Fisch-Evolution ist, sei nur an zwei Beispielen kurz angeführt: den Panzerfischen und den Quastenflossern. Beide Fischgruppen galten lange als ausgestorben, bis 1938 auf den Komoren das frischtote Exemplar eines Quastenflossers angelandet wurde und von der Leiterin des Meeresmuseums im südafrikanischen East London, Marjorie Courtenay-Latimer, für die Wissenschaft zugänglich gemacht werden konnte. Seitdem ist klar, dass die 70 Millionen Jahre alte Fossillücke bei den Quastenflossern nicht auf deren Aussterben zurückzuführen ist,

Abb. 1 Mit dem Tauchboot Jago des GEOMAR konnte Hans Fricke erstmals den Lebensraum der Quastenflosser erforschen, Foto: GEOMAR.

sondern dass zumindest die Gattung Latimeria seit der Oberkreide von seichten Gewässern in größere Wassertiefen gewechselt ist. Heute findet man *Latimeria chalumnae* vor den Küsten Ostafrikas von Kenia bis Südafrika, einschließlich der Gewässer zwischen Madagaskar und den Komoren, in einem Tiefenbereich von 150-400 m. Eine zweite Art, *L. menadoensis*, wurde 1997 entdeckt; sie lebt zwischen den Inseln Borneo und Celebes. Inzwischen konnte auch die genetische Vielfalt innerhalb der rezenten Populationen von *L. chalumnae* nachgewiesen und so gezeigt werden, dass sich die Quastenflosser an neue Umweltbedingungen anpassen (Lampert et al. 2012). Die spannende Frage, ob der erste ‚Landgänger' aus der Gruppe der

Abb. 2 Fossiler Knochenhecht *Obaichthys decoratus,* Foto: Jens Lehmann.

Lungenfische oder der Quastenflosser stammt, wer also der direkte Vorfahr der Tetrapoden ist, der Vierfüßer, zu denen auch wir gehören, gilt noch als ungeklärt: Für beide Gruppen gibt es gute Argumente.

Anders verhält sich der Fall bei den Panzerfischen. Hier konnte die Paläontologin Adriana López-Arbarello 2012 nachweisen, dass viele der fossil bekannten Panzerfisch-Arten in die Vorfahrenreihe der heute noch lebenden Knochenhechte eingereiht werden müssen. Ergo leben die Panzerfische in den sieben Arten der Knochenhechte fort, die heute in Flüssen und Seen Nord- und Mittelamerikas vorkommen. Zu den ältesten fossilen Knochenhechten zählt *Obaichthys decoratus* aus Nordostbrasilien und Marokko. Während vor 110 Millionen Jahren diese Gebiete beisammen lagen, war das restliche heutige Brasilien damals durch eine Salzwasserbarriere davon getrennt (Martill 2007).

Mit etwas Glück gelingt Paläontologen auch der umgekehrte Fall, nämlich dass einer längst bekannten Fischgruppe ihr Entstehungsareal und -zeitraum zugewiesen werden können; so geschehen bei den Grenadierfischen (Familie Macrouridae), die zu den Dorschartigen gehören, in den tiefen Wassern kalter Meere leben und inzwischen kommerziell intensiv genutzt werden. Ihre Entstehung war lange Zeit mit der der übrigen Dorschartigen vor über 60 Millionen Jahren im östlichen Nordatlantik vermutet worden, bis Jürgen Kriwet und Thomas Hecht (2008) der Fund eines Grenadier-Schädels in erst 45 Millionen Jahre alten Ablagerungen der antarktischen Halbinsel gelang. Damit ist bewiesen, dass die Grenadiere später als die übrigen Dorschartigen entstanden, und nicht im Nordatlantik, sondern in der Antarktis, wo sie sich schon früh an die Tiefsee anpassen konnten.

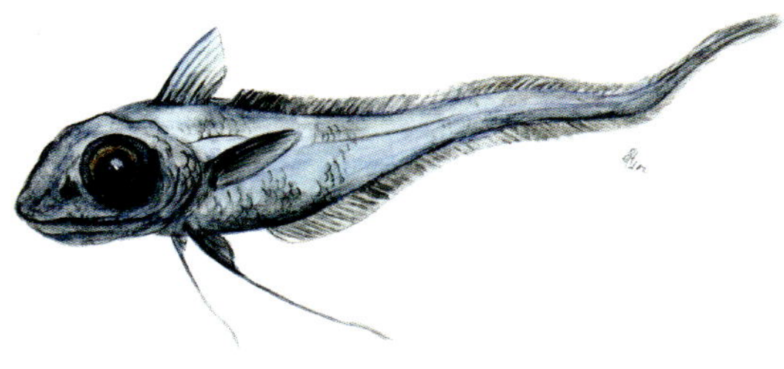

Abb. 3 Rundnasen-Grenadierfisch *Coryphaenoides rupestris*, Zeichnung: Sonia Schadwinkel.

Wo begegnen sich Fisch und Mensch heute?

Inzwischen hat der Mensch viele Orte und Anlässe geschaffen, Fischen zu begegnen. Ein Weg dorthin führte über die ‚Domestizierung' mancher Arten, indem man sie sich zu Züchtungszwecken ans oder ins Haus holte. Goldfische spielten in China bereits im 10. Jahrhundert eine große Rolle; ab dem 14. Jahrhundert gab es dort spezielle Goldfisch-Kübel für den Wohnbereich (Brunner 2011). In solchen Gefäßen kommt der Goldfisch im 17. Jahrhundert auch nach Europa und startet einen Siegeszug ohnegleichen.

Im Rom des 1. Jahrhunderts v. Chr. nahmen Aale, Seebarben und frühe Zierfischarten diese Rolle ein. Zunächst in hausnahen Meerwasserbecken, dann auch ‚indoors' werden sie zu Statussymbolen einer elitären römischen Oberschicht und zeugen vom Hang zur Verschwendung und Dekadenz. 200 Jahre später verlor diese ‚Fischhaltung als Mode' aufgrund gewandelter politischer Vorgaben aber rasch wieder an Bedeutung (Schmölcke & Nikulina 2008).

Gartenteiche und Aquarien gehören heute in Deutschland für Mensch und Fisch zu den häufigsten Begegnungsorten. Längst haben in den Teichen die Kois die Goldfische als ‚Statustiere' abgelöst und in den Wohnzimmeraquarien schwimmen mehr afrikanische Buntbarsche als heimische Kaltwasserfische. Der Fisch ist als Heimtier unangefochten die Nummer 1 in Deutschland; es tummeln sich mehr Zierfische in deutschen Wohnungen als Katzen und Hunde.

Der Mensch als ‚Fischbeuter'

Eine andere Form der Nähe baut der Mensch als Angler zu den Fischen auf. Immer noch von Respekt getragen, muss auch er sich ein detailliertes Wissen über die verschiedenen Fischarten zulegen, nun aber, um ihnen erfolgreich nachstellen und sie überlisten zu können. Angelvereine zählen in Deutschland zu den wenigen Vereinen ohne Nachwuchssorgen; junge Männer und Frauen aus allen Bildungsgruppen machen den Angelschein und treten in die Vereine ein, die in der Regel Pächter regionaler Seen und Flussabschnitte sind. Entsprechend der jüngeren Klientel hat auch im Angelsport inzwischen die Hightech Einzug gehalten; so sind heute beispielsweise ‚Fishfinder' und elektronische Bissanzeiger auf dem Markt, die den Fangerfolg mit Anleihen aus der Spitzentechnologie unterstützen. ‚Fishfinder' können als ‚Echolot des kleinen Mannes' gelten, weil sie vom Boot aus genutzt werden und mittels Sonartechnik aktuell auf einem Display den Gewässerboden des Angelareals abbilden, über den das Boot gerade hinweg fährt. Steht ein größerer Fisch oder ein Schwarm in der Wassersäule, ist sein Umriss vom Angler leicht auszumachen.

Sprechen wir bei Anglern zumeist über Sport- und Freizeitangler, bilden Berufsfischer eine ganz andere Gruppe von ‚Fischbeutern'. Abgesehen davon, dass für die Erwerbsfischerei heute größtenteils marine Fische als Zielarten im Fokus stehen und die Zahl der Haupterwerbsbinnenfischer von Jahr zu Jahr zurückgeht, hat sich die Meeresfischerei weltweit zur Industriefischerei entwickelt. Jährlich landet die marine Fangfischerei etwa 80 Millionen Tonnen Meeresorganismen an, zwei Drittel davon sind Fische. Bedenkt man, dass der Mensch nicht der einzige Fischfänger der Meere ist, sondern Meeresvögel wie Pinguine, Alken und Möwen und Meeressäuger wie Wale und Robben zum Teil sogar auf Fische angewiesen sind, ahnt man, welcher immense (Feind-) Druck auf den Fischen dieser Welt lastet. Allein die Gelbschopfpinguine (*Eudyptes chrysolophus*) entnehmen Schätzungen zufolge jährlich über 11 Millionen Tonnen Fisch den Ozeanen (Brooke 2004). Nachdem sogar die Internationale Wal-Kommission (IWC) 2006 eine Deklaration mehrerer Staaten veröffentlichte, der Fischverbrauch der Wale gefährde die Nahrungssituation von Meeresanrainerstaaten, stellte eine Untersuchung aber klar, dass die von Walen konsumierte Biomasse an Fisch völlig überschätzt wird (Gerber et al. 2009). Zudem gilt für Seevögel wie Meeressäuger, dass sie oft andere Zielarten konsumieren als der Mensch. In Deutschland lag der Pro-Kopf-Verbrauch an Fisch und Meeresfrüchten 2011 mit 15,6 kg deutlich unter dem weltweiten von knapp 19 kg. Allerdings betreffen diese Zahlen das Fanggewicht; die Menge des tatsächlich verzehrten Fischs, also dem Produkt- oder Filetgewicht, lag 2011 in Deutschland bei 7,5 kg pro Kopf. Demnach bleiben pro Kopf und Jahr 8,1 kg des Fanggewichts über, die zu Fischmehl, -öl oder anderen Qualitäten verarbeitet werden (Fisch-Informationszentrum 2012).

Überfischung

Meldungen zur Überfischung der Weltmeere, zu Überfischungsszenarien und diversen Ansätzen zu einem nachhaltigen Fischereimanagement

Abb. 4 Makrele, Foto: Hans Hillewaert.

haben seit einiger Zeit Konjunktur. Betraf die bislang älteste erforschte Überfischung vor 125 000 Jahren im Roten Meer mit der Riesenmuschel *Tridacna costata* nur eine einzige Art (Pauls 2008), so hat das Thema – auch durch die Zunahme der Weltbevölkerung – inzwischen globale Ausmaße erreicht. Versicherte noch 1866 die britische ‚Royal Commission on the Sea Fisheries', die Furcht vor einer Überfischung sei unbegründet, erntete Thomas Henry Huxley auf der Internationalen Fischereiausstellung 1883 in London heftigen Widerspruch, als er verkündete, eine Überfischung von Kabeljau, Hering und Makrele sei unvorstellbar (Sims & Southward 2006). Keine hundert Jahre später, von 1972-1976, tobte dann ein ernsthafter Fischereizonenstreit zwischen Island auf der einen und Großbritannien sowie Deutschland auf der anderen Seite wegen genau dieser Fischarten: London entsandte seine Kriegsmarine, Bonn schloss die deutschen Häfen für isländischen Fisch, Island brach seine diplomatischen Beziehungen zu London ab und drohte mit dem NATO-Austritt (Rupprecht 2011).

Problematisch an dem Thema ‚Überfischung' ist, dass ein reißerischer Umgang mit ihm nicht gut tut. Das musste auch der kanadische Meeresökologe Boris Worm erfahren, als er 2006 aufgrund der Auswertungen seiner Studien verkündete, ab 2048 würde in den Ozeanen der Welt kein Fisch mehr gefangen werden können. Das Datum brachte ihn zwar in die Schlagzeilen der Weltpresse, schadete aber seinem wissenschaftlichen Renommee (Stokstad 2009). Und die Apokalypse wird nicht eintreten.

Da es nicht nur die Unterscheidung in ökologische (= populationsbiologische) und ökonomische Überfischung gibt, sondern auch diverse Faktoren die Ursachen bilden und nicht weltweit dieselben Fischarten betroffen sind, gibt es keine einheitliche Reaktion auf den Missstand der Überfischung. Tatsache ist aber, dass weltweit Forschungsinstitute und -verbunde zu diesem Problem arbeiten. In Deutschland sind dies u. a. das Kieler Excellenzcluster „Ozean der Zukunft", zu dem auch GEOMAR zählt, und das Johann Heinrich von Thünen-Institut (vTI) in Rostock als Bundesforschungsinstitut. Das Excellenzcluster arbeitet interdisziplinär mit Meeres-, Geo-, Wirtschafts- und Gesellschaftswissenschaftlern sowie Medizinern, Mathematikern und Juristen zusammen. Ziel ist es, gemeinsam wissenschaftliche Grundlagen für ein nachhaltiges Ozean-Management zu liefern. Das vTI ist auf dem Fischereisektor vor allem für die kontinuierliche Erforschung der Küstenbereiche von Nord- und Ostsee zuständig. Zu diesem Zweck konnte es im April 2012 mit der neuen „Clupea" ein modernes Fischereiforschungsschiff in Betrieb nehmen, das für Untersuchungen der Dorsch- und Heringsbestände genau so eingesetzt wird wie für die der Garnelenbestände.

Fischsiegel als Verbraucherempfehlungen

In Abhängigkeit von den Forschungsergebnissen geben staatliche und nicht-staatliche Organisationen Empfehlungen für die Verbraucher ab, welche Fischarten aus welchen Fanggebieten unbedenklich gekauft werden können. Da diese Empfehlungen bisweilen uneinheitlich sind, sich manchmal sogar widersprechen,

Abb. 5 MSC-Siegel.

richten sich inzwischen viele Verbraucher nach dem MSC-Siegel. Das Kürzel steht für ‚Marine Stewardship Council' und kennzeichnet zertifizierte Fischprodukte aus bestandserhaltender Fischerei. Gegründet 1997 vom WWF (World Wildlife Fund) und Unilever, einem der größten Hersteller gefrorener Fischprodukte weltweit, hat das MSC drei Prinzipien formuliert, anhand derer eine Überprüfung der Fischerei durch unabhängige Zertifizierungsunternehmen erfolgen kann. Leicht verkürzt lauten die Prinzipien: Die Fischerei darf zu keiner Überfischung der befischten Populationen führen; die Fischereiaktivitäten müssen den Erhalt des Ökosystems ermöglichen; die Fischerei muss einem effektiven Management-System unterworfen sein, das die lokalen, nationalen und internationalen Gesetze und Standards einhält.

Neben dem global arbeitenden MSC-Siegel gibt es auch regionale Siegel, die dem Verbraucher die Gewissheit vermitteln sollen, dass der Fisch aus umweltverträglicher Fischerei stammt. So hat z. B. Mecklenburg-Vorpommern das Siegel „Kutter- und Küstenfischerei" eingeführt; es sichert dem Verbraucher vor allem zu, dass der Fisch mit angepassten Fangmethoden zur Schonung des Meeresbodens und unter Reduzierung des Beifangs in der Region gefangen und angelandet wurde.

Aqua- und Marikultur

Die Probleme der Weltmeere sind z. T. bekannt und werden weiter erforscht: Neben der Überfischung sind es die klimabedingte Ozeanversauerung mit all ihren Folgen für Fisch(larven) und Schalentiere; die Tatsache, dass sich viele Fischparasiten in den zunehmend wärmeren Wassern schneller entwickeln; und der wachsende Eintrag von chemischen Stoffen wie Benzotriazol aus den Frostschutzmitteln für Autos und Flugzeuge in Flüsse und Meere (Fischer 2011).

Liegt die Antwort auf diese und weitere Probleme in der Aqua- und Marikultur? Pauschal ist das schwer zu beantworten; nicht nur, weil die genannten Probleme sich natürlich auch auf die offene Marikultur auswirken, sondern weil die herkömmliche Aqua- und Marikultur oft ihrerseits Probleme schaffen. Zu nennen sind hier der große Bedarf an Fischmehl-Futter, Überdüngung durch Stickstoff und Phosphor, die Medikamentenbelastung, der hohe Befall von Farmfischen mit Fischläusen und die zunehmende Vermischung von Wildpopulationen mit entkommenen Farmfischen.

Trotzdem weisen die FAO und viele andere Institutionen auf die grundsätzliche Notwendigkeit von Fischfarmen hin. Sie sind für viele der preisgünstigste Weg zu hochwertigem tierischen Eiweiß, nicht umsonst stammt heute weltweit schon jeder dritte Fisch auf dem Teller aus Aqua-/Marikultur.

Aquakultur blickt in China auf eine ca. 3000 Jahre alte Tradition zurück, in Zentraleuropa datiert die Teichwirtschaft der Mönche auf etwa 1000 n. Chr. Am Oberrhein im Elsass nahm

1850 sogar eine Lachsfarm für kurze Zeit ihren Betrieb auf (Blackbourn 2007). Die Zahl der gefarmten Fischarten ist seitdem natürlich gestiegen; heute werden in Aquakultur vorwiegend Forelle, Karpfen, Tilapia und Pangasius gezogen, in Marikultur Lachs, Kabeljau, Tunfisch und Heilbutt. Einen großen Qualitätssprung stellt die landgestützte Marikultur dar, die mit geschlossenen Wasserkreisläufen arbeitet, daher wenig Wasserverluste und kaum negative ‚side effects' hat.

Fische in der Forschung

Viele Fischarten sind für die Forschung interessant, weil sie spannende Verhaltensweisen zeigen. Dazu zählen Schützenfische der Gattung Toxotes mit ihren ‚ballistischen Berechnungen' ebenso wie Regenbogenforellen mit ihrem Magnetsinn. Oder der Elefantenrüsselfisch (*Gnathonemus petersii*), der in den trüben Gewässern des afrikanischen Regenwaldes seine Beute mit einem selbst ausgesandten, schwachen elektrischen Feld ortet, seine eigenen Feinde aber optisch erkennt: Ein bislang bei den Wirbeltieren einmaliges Lichtbündelungssystem und ein in die Netzhaut eingebauter ‚Filter' erlauben es dem Fisch, selbst im trüben Wasser blitzschnell seine Feinde auszumachen (Kreysing et al. 2012).

Fische sind aber auch geeignete Modellorganismen für die biomedizinische Forschung. Hier werden vor allem Zebrafische oder -bärblinge (*Danio rerio*) und Reisfische oder Medakas (*Oryzias latipes*) eingesetzt. Weil Zebrafische klein und robust sind und sich schnell vermehren, dabei aber die meisten wichtigen Organsysteme mit dem Menschen gemeinsam haben, gelten sie als ideal für Untersuchungen der

Abb. 6 Der Elefantenrüsselfisch (*Gnathonemus petersii*) lebt in trüben Gewässern afrikanischer Regenwälder, Foto: von der Emde.

Ursachen von Krebs, Herzkrankheiten und sogar Verhaltensstörungen wie das ‚Zappelphilipp'-Syndrom ADHS. Für diese Forschungen hat das Karlsruher Institut für Technologie 2012 ein spezielles Zebrafisch-Ressourcenzentrum eröffnet, in dem eine große Vielfalt an Zebrafischstämmen gleichzeitig gehalten werden kann (LANDGRAF 2012). Den Modellcharakter des Organismus ‚Fisch' betont auch die Tatsache, dass die See- und Reisekrankheit des Menschen an Buntbarschen erforscht wird. Ebenso lassen sich die Mechanismen der Schwarmbildung im Tierreich sehr gut stellvertretend an Fischen untersuchen.

Der ‚andere' Fisch

Die kurze Geschichte von Fischen und Menschen wäre aber unvollständig, wenn nicht auch die Rolle des Fischs in der Literatur und bildenden Kunst zur Sprache käme. So spielen Fische in den frühen Mythologien verschiedener Gesellschaften eine große Rolle und werden als Amulette zum Schutz des Menschen abgebildet. In der Literatur ist Grass' „Butt" nur die Spitze des Eisbergs, und in der modernen Kunst ist die Palette der Maler, die Fische thematisieren, mit Paul Klee und Horst Janssen nur angedeutet. So bilden Fische und Menschen

Abb. 7 Für einen Fisch ein Flügel zuviel, Satzwerk Verlag, Göttingen, Illustration: Neiki.

bis heute eine derart umfassende und lang anhaltende Liaison, wie sie mit kaum einer anderen Tiergruppe vergleichbar ist.

Literatur

Blackbourn, D. (2007): Die Eroberung der Natur. München.

Böhme, G. (2007): Fisch-, Amphibien- und Reptilien-Reste aus der Schichtenfolge des Rheinsdorf-Interglazials von Schöningen. In: H. Thieme (Hrsg.), Die Schöninger Speere. Mensch und Jagd vor 400 000 Jahren. Stuttgart, S. 105-111.

Brooke, M. (2004): Fishy Figure. In: Science, Vol. 303, S. 1287.

Brunner, B. (2011): Wie das Meer nach Hause kam. Die Erfindung des Aquariums. Berlin.

Film „Das Geheimnis des aufrechten Gangs“ (2012): Maaki Filmproduktion im Auftrag des WDR und in Zusammenarbeit mit Arte.

Fischer, T. (2011): Frostschutz in der Nordsee. In: Informationsdienst Wissenschaft, 30.11.2011

Fisch-Informationszentrum e.V. (2012): Pressemitteilung 5.9.2012 “Fisch ist gefragt”. www.fischinfo.de.

Gerber, L. R., Morissette, L., Kaschner, K., Pauly, D. (2009): Should Whales Be Culled to Increase Fishery Yield? In: Science, Vol. 323, S. 880-881.

IWC (2006): Chairman’s Report from the International Whaling Commission 58th Annual Meeting. St. Kitts.

Kreysing, M., Pusch, R., Haverkate, D., Landsberger, M., Engelmann, J., Ruiter, J., Mora-Ferrer, C., Ulbricht, E., Grosche, J., Franze, K., Streif, S., Schumacher, S., Makarov, F., Kacza, J., Guck, J., Wolburg, H., Bowmaker, J. K., von der Emde, G., Schuster, S., Wagner, H.-J., Reichenbach, A., Francke, M. (2012): Photonic Crystal Light Collectors in Fish Retina Improve Vision in Turbid Water. In: Science, Vol. 336, S. 1700-1703.

Kriwet, J., Hecht, T. (2008): A review of early gadiform evolution and diversification: first record of a rattail fish skull (Gadiformes, Macrouridae) from the Eocene of Antarctica, with otoliths preserved in situ. In: Naturwissenschaften, 95.

Lampert, K. P., Fricke, H., Hissmann, K., Schauer, J., Blassmann, K., Ngatunga, B. P., Schartl, M. (2012): Population divergence in East African coelacanths. In: Current Biology, doi: 10.1016/j.cub.2012.04.053.

Landgraf, M. (2012): Zebrafische – die Stars der Biomedizin. In: Informationsdienst Wissenschaft, 11. 7. 2012.

López-Arbarello, A. (2012): Phylogenetic Interrelationships of Ginglymodian Fishes (Actinopterygii: Neopterygii). In: PloS ONE 7(7): e39370.

Martill, D. M. (2007): The age of the Cretaceous Santana Formation fossil Konservat Lagerstatte of north-east Brazil: a historical review and an appraisal of the biochronostratigraphic utility of its palaeobiota. In: Cretaceous Research, 28, S. 895-920.

Nellen, W., Dulcic, J. (2008): A survey of the progress of man’s interest in fish from the Stone Age to this day, and a look ahead. In: Historisch-Meereskundliches Jahrbuch, Bd. 14, Dt. Meeresmuseum Stralsund.

Pauls, M. (2008): Meeresforscher aus dem Land Bremen entdecken neue Riesenmuschel. In: Informationsdienst Wissenschaft, 1.9.2008.

Rupprecht, K. (2011): Der deutsch-isländische Fischereizonenstreit 1972-1976. Frankfurt am Main.

Schmölcke, U., Nikulina E. A. (2008): Fischhaltung im antiken Rom und ihr Ansehenswandel im Licht der politischen Situation. In: Schriften des Naturwissenschaftlichen Vereins für Schleswig-Holstein, Bd. 70, S. 36-55.

Sims, D. W., Southward, A. J. (2006): Dwindling fish numbers already of concern in 1883. In: Nature, Vol. 439, S. 660.

Stokstad, E. (2009): Détente in the Fisheries War. In: Science, Vol. 324, S. 170-171.

Mensch und Fischfang seit der Urgeschichte

Frank Both

Bereits seit der Altsteinzeit sind Fische eine der wichtigsten Nahrungsquellen des Menschen. Da sie über einen hohen Eiweißgehalt verfügen, bilden sie neben Fleisch und tierischen Milchprodukten sowie Eiern einen wesentlichen Nahrungsbestandteil. In Flüssen, Seen und den Küstenregionen der Meere waren sie vorhanden und verfügbar, sofern passende Fangtechniken entwickelt werden konnten.

Fische ließen sich bei frühen archäologischen Ausgrabungen meist nur durch wenige größere Funde wie Wirbel oder Kopfteile nachweisen. Erst systematische Ausschlämmungen vor allem seit den 70er-Jahren des 20. Jahrhunderts, mit dem Ziel auch kleinste Funde wie Gräten oder Schuppen zu bergen, haben größere Fundmengen erbracht. Bei den statistischen Auswertungen ist allerdings zu bedenken, dass es sich jeweils um eine zufällige Auswahl handelt, da einige Fischreste wohl gar nicht erst in das konservierende Erdreich gelangt sein dürften: Entweder konnten manche Fische mitsamt den Gräten verzehrt werden, oder die Überreste sind von Haus- oder anderen Tieren „entsorgt“ worden.

Trotzdem ließen sich wichtige Aussagen zur Faunengeschichte, zu Ernährungsgewohnheiten sowie zur Fischerei und ihren Methoden gewinnen. Fischereigeräte weisen nur geringe chronologische und geographische Unterschiede auf. In den verschiedenen Kulturräumen haben sich ähnliche Methoden unabhängig voneinander entwickelt und lassen so Analogieschlüsse zu.

Es werden im Großen und Ganzen fünf Fischfangmethoden unterschieden, die bereits Aussagen zu den Fischfängen zulassen (zusammenfassend Lampen 2000, S. 98 ff.):

- Fischerei ohne Werkzeuge, mit der Hand oder trainierten Tieren. Da diese Methode archäologisch nicht nachweisbar ist, wird hierauf im Folgenden nicht weiter eingegangen, ebenso wie auf die Fischerei mit Keschern oder Schlaghaken. Diese Geräte lassen sich selten eindeutig mit Fischfang in Verbindung bringen, es sei denn, der Fundort lässt keine andere Deutung zu.
- Speerfischerei als eine der ältesten Fangmethoden
- Angelfischerei mit Haken, Quer- oder Legangeln
- Netzfischerei
- Reusen und Fischzäune

Die Fische

Das erstaunliche Alter von ca. 310 000 Jahren haben die Fischreste, die im Bereich eines ehemaligen Binnensees im heutigen Tagebau Schöningen geborgen wurden (Böhme 2007, S. 105 ff.; Serangeli u.a. 2012, S. 6 ff.). Zwar fanden sich bei den Jagdbeuteresten der Menschen, die sich hier aufhielten, keine Fischreste, denkbar wäre allerdings, dass von den bisher nachgewiesenen 13 Arten zumindest die größeren wie Hecht, Barsch und Plötze den Speisezettel ergänzten. Die Speere zum Fischfang waren jedenfalls vorhanden. Die nachgewiesenen Fischfaunen entsprechen in ihrer Zusammensetzung weitgehend denjenigen heutiger flussdurchströmter Seen. Auch aus der späten Altsteinzeit, z. B. auf Siedlungsplätzen der Ahrensburger Kultur in Schleswig-Holstein um 9 000 v. Chr., sind Fischreste ausgegraben worden (Krause & Kollau 1943, S. 49 ff.).

Erkenntnisse zum regionalen binnenländischen Fischfang lieferten die Ausgrabungen der jungsteinzeitlichen Siedlung Hüde I am Dümmer, einem See, der durch die Hunte gespeist und entwässert wird. Der Siedlungsplatz, ca. 1000 m südlich des heutigen Ufers in einem ehemaligen Erlenbruchwald gelegen, war wohl durch Wasserrinnen mit dem See verbunden (Deichmüller & Staesche 1974, S. 70-76). Die Ausgrabungen ergaben 1075 Fischknochenreste. Sie konnten größtenteils bestimmt und statistisch ausgewertet werden. Mithilfe der stratigraphischen Einbindung ließen sich faunistische Entwicklungen und Ernährungsgewohnheiten ermitteln. Es fanden sich Skelettelemente in abnehmender Häufigkeit von Hecht, Barsch, Brachsen, Aal und Schleie. Ein Ergebnis der Auswertung zeigte einen Unterschied zwischen der jungsteinzeitlichen Rössener Kultur und der nachfolgenden Trichterbecherkultur. In der Trichterbecherkultur veränderte sich das gefangene Artenspektrum zugunsten der Hechte und – im geringeren Maße – der Barsche. Dazu kommt ein signifikanter

Abb. 1 Fischreste von Hecht und Barsch aus „Hunte 1“, aus Reinerth 1939.

Größenunterschied: Die Hechte waren durchschnittlich 9 cm größer. So deutet sich schon in früher Zeit eine Spezialisierung auf den Hechtfang an (Hüster 1983). Auch die Ausgrabungen „Hunte 1“ am Dümmer in den 30er-Jahren des 20. Jahrhunderts ergaben etliche Fischreste von Hecht und Barsch (Reinerth 1939).

Naturgemäß handelte es sich hier ausschließlich um Süßwasserarten, im Gegensatz zu den küstennahen Siedlungsplätzen. In der im Weserbereich gelegenen jungbronzezeitlichen Siedlung von Rodenkirchen aus der Zeit um 900 v. Chr. war Fischfang eine bedeutende Nahrungsquelle. Belegt sind hier Barsch, Fint, Kabeljau, Quappe, Schellfisch und Stör. Barsch und Quappe sind eigentlich im Süßwasser zuhause, können aber auch in leicht salzigem Wasser leben. Der Stör und der zur Familie der Heringe gehörende Fint lebten in der Nordsee, kamen aber zum Laichen in die Flüsse. Schellfisch und Kabeljau dürften in der Flussmündung gefangen worden sein (Grimm 2003, S. 210 f.). Auf der Feddersen Wierde, in der Nähe der

Wesermündung, verzehrte man Kabeljau und Wanderfische (HEINRICH 1991, S. 293 ff.).

Eine gänzlich veränderte Situation ergab sich im gesamten norddeutschen Raum seit dem Mittelalter. Es waren nun vor allem Meeresfische gefragt: Scholle, Hering, Dorsch und Kabeljau bzw. die getrockneten Varianten Klippfisch und Stockfisch. Als Speise in der Fastenzeit war Fisch unabdingbar und bei der städtischen Hospitalversorgung wurde mehrmals in der Woche Fisch gereicht (LAMPEN 2000, S. 42 ff.; RECH 2004, S. 374 ff.). Fisch war nunmehr Handelsobjekt, was sich schnell in regional sehr unterschiedlichen Rechten und Abgaben an die Obrigkeit ausdrückte. Fischen war längst nicht mehr jedem erlaubt. Es entstanden Fischzünfte, in einigen Städten Fischersiedlungen und Fischmärkte. Die in Bremen ausgegrabenen Reste von Meeresfischen und auch heimischen Arten belegen die überregionale Bedeutung des Fischhandels (BISCHOP 2008, S. 211 ff.).

Zu den Früchten der Meere und Flüsse zählen auch Muscheln. Besonders Austern scheinen in den mittelalterlichen Städten beliebt gewesen zu sein. In Oldenburg sind bei Ausgrabungen etliche Schalen gefunden worden.

Speerfischerei

Für die Speerfischerei in der Stein- und Bronzezeit wurden in einen Speer eingesetzte Spitzen mit Widerhaken oder Kerben benutzt. Zwei im bzw. in der Nähe des Dümmer, in Lemförde, gefundene Stücke zeugen davon. Die im See geborgene Widerhakenspitze (OLDENBURG 1980) aus Rengeweih datiert typologisch in das 11. Jahrtausend v. Chr., das Exemplar aus Lemförde aus Rothirschgeweih ist ^{14}C-datiert auf ca. 11 000 v. Chr. (VEIL u. a. 1991).

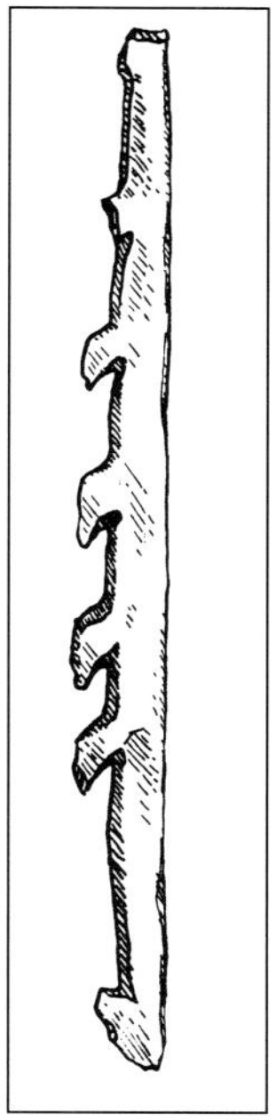

Abb. 2 Widerhakenspitze aus dem Dümmer, aus OLDENBURG 1980, M. 1:2.

Der Form nach jünger und in das 10. Jahrtausend v. Chr. zu datieren ist eine gekerbte Speerspitze aus dem Zwischenahner Meer (BOTH 2003, S. 59 f.). Funde aus Estland und Skandinavien, bei denen Hechtskelette mit derartigen Spitzen gefunden wurden (INDREKO 1948, S. 48, 52), belegen eine Nutzung im Zusammenhang mit der Speerfischerei.

Eine andere Technik war das Harpunieren. Hier hatte man die Spitzen nur lose am Schaft befestigt. Durch eine Lochung in der Spitze führte eine Handleine, die

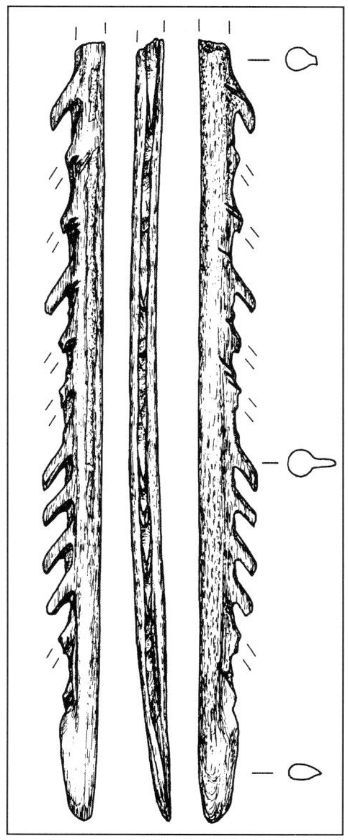

Abb. 3 Widerhakenspitze aus Lemförde, aus VEIL u. a. 1991, o. M.

den Fisch, nachdem er durchbohrt war, an der Flucht hinderte und eingeholt werden konnte. Nachweise hierfür – wie sie in süddeutschen

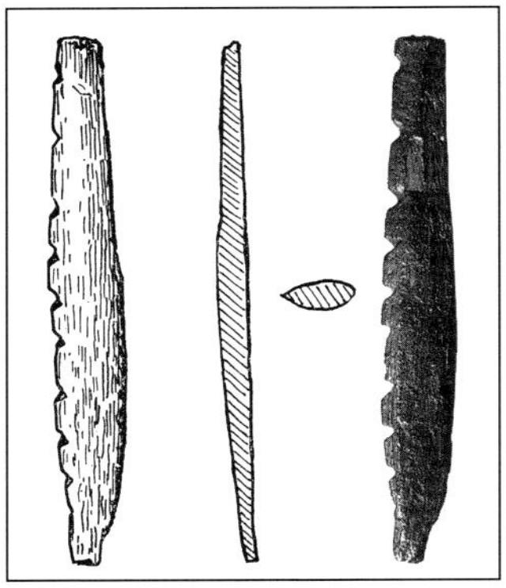

Abb. 4 Gekerbte Speerspitze aus dem Zwischenahner Meer, M. 1:2.

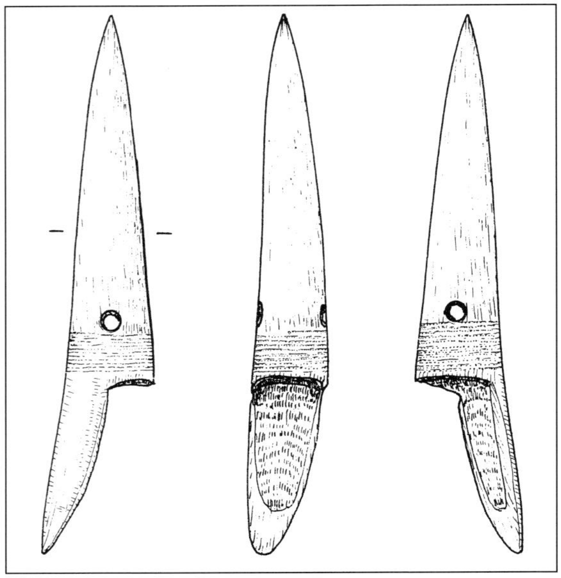

Abb. 6 Knebelharpune aus Dullenried, aus TORKE 1993, o. M. .

Feuchtbodensiedlungen gefunden wurden (TORKE 1993) – fehlen in Norddeutschland noch.

Im Zusammenhang mit der Speerfischerei ist ein spezialisiertes Fanggerät zu sehen: die Lyster. Dieser seit der Mittelsteinzeit benutzte Speer wurde ausschließlich zum Aalfang verwendet. Am Holzschaft waren zwei nach außen gebogene Spitzen, auch Schalmen genannt, angebracht. In einer mittigen

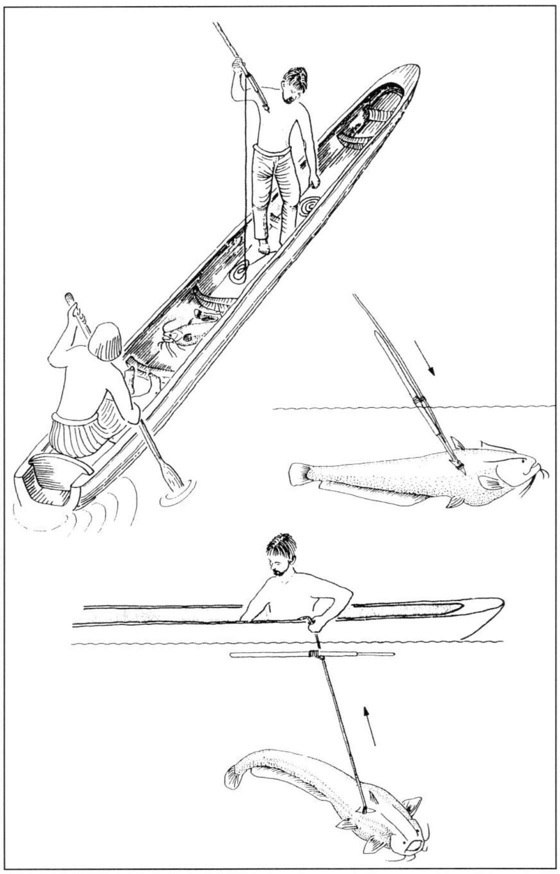

Abb. 5 Technik des Harpunierens, aus TORKE 1993.

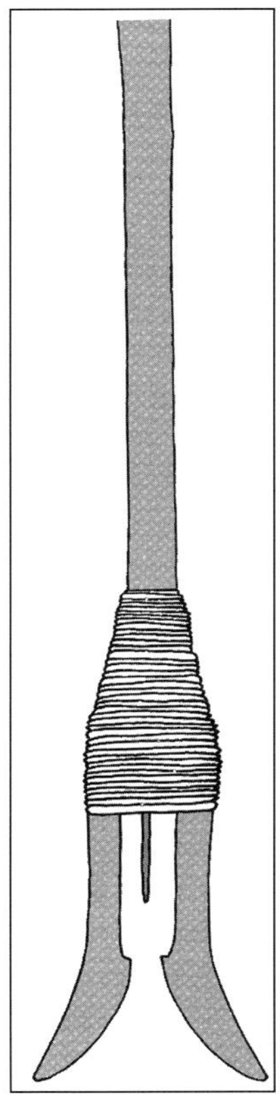

Abb. 7 Rekonstruktion einer Lyster, aus KLOOSS 2007.

Aussparung wurde ein Dorn am Schaft befestigt. Mit der Lyster konnte in den schlammigen Seegrund gestochen werden. Ein Aal wurde zwischen den Schalmen eingeklemmt, evtl. auf den Dorn gespießt (MEURERS-BALKE 1981; KLOOSS 2007). Diese Art zu fischen war bis in die Neuzeit hinein gebräuchlich, hier allerdings mit Eisengeräten. Ob vereinzelte Knochenspitzen vom Dümmer als Einsätze bei Aalstechern benutzt wurden, ist nicht eindeutig nachzuweisen (KOSSIAN 2007, S. 228).

Angelfischerei

Belege für die Leinenfischerei sind Querangeln und Angelhaken. Beide Typen sind bereits seit der Altsteinzeit bekannt.

Eine Querangel ist ein beidseitig zugespitzter Stab, an dessen Mitte die Leine festgebunden

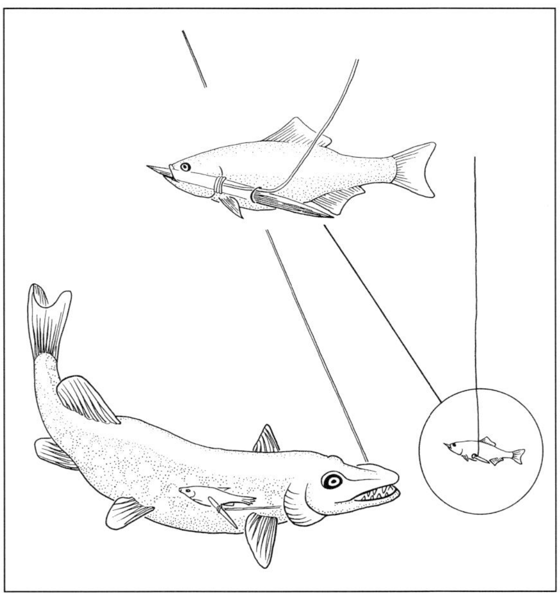

Abb. 8 Benutzung einer Querangel beim Raubfischfang, aus TORKE 1993.

wird. Der Stab wird dann in einen Köderfisch gesteckt. Beißt ein Fisch an, wird durch das Blockieren der Leine der Stab quergestellt und dringt ins Maul oder den Schlund des Fisches ein. So kann er anschließend eingezogen werden. Ein einzigartiger Befund in Seesedimenten unter der Siedlung Forschner am Federsee in Süddeutschland belegt das Pech eines Anglers vor 7000 Jahren und das Glück des Archäologen. Bei den Ausgrabungen wurden die Reste eines Hechtes sowie einer Schleie im Fundzusammenhang mit einem einseitig zugespitzten Knochen gefunden. Schleie und Querangel lagen zwischen den Kopfknochen des Hechtes. So hat sich der Hecht wohl, nachdem er sich den Köderfisch samt Querangel einverleibt hatte, losreißen können und ist am Seegrund verendet (TORKE 1993).

Stäbe mit spitz zulaufenden Enden sind in Norddeutschland in erster Linie aus der Römischen Kaiserzeit und dem Frühmittelalter in der Küstenregion gefunden worden, z. B. von der Feddersen Wierde (STRUCKMEYER 2011, Taf. 19, 1-5), der Wurt Hessens im Stadtgebiet von Wilhelmshaven (SIEGMÜLLER 2010, S.172) und

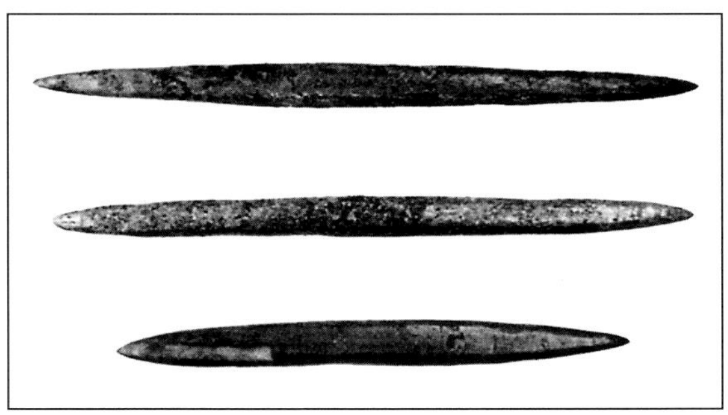

Abb. 9 Querangeln, Feddersen Wierde, STRUCKMEYER 2011, Aufnahme D. Reich, Niedersächsisches Institut für historische Küstenforschung, Wilhelmshaven, M. 2:3.

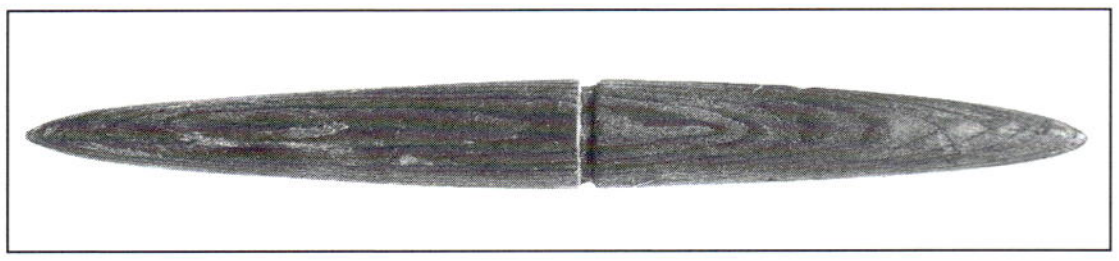

Abb. 10 Eibenholzknebel von der Wurt Elisenhof, Heinrich 1994, Foto: Stiftung Schleswig-Holsteinische Landesmuseen Schloss Gottorf, Schleswig, o. M.

der Wurt Elisenhof an der Eider (Heinrich 1994, Taf. 11; 26).

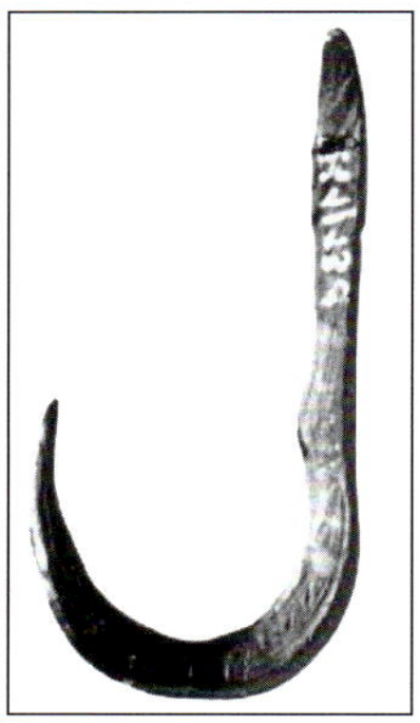

Abb. 11 Aus einer Schweineeckzahn-Lamelle gearbeiteter Angelhaken, „Hunte 1“ am Dümmer, Foto: Archiv Pfahlbaumuseum Unteruhldingen/Heinz Dürr.

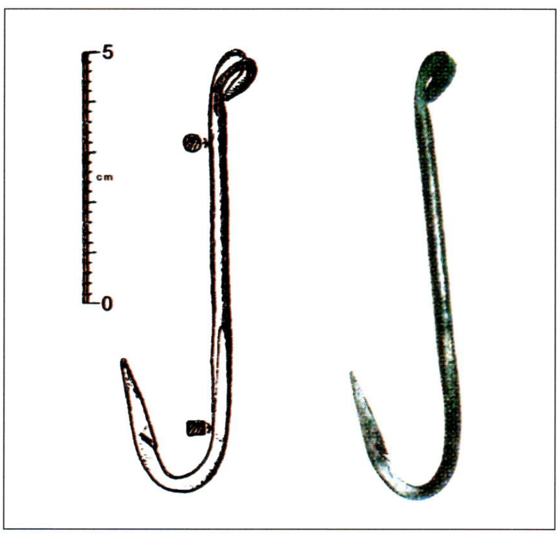

Abb. 12 Angelhaken aus Holzhausen, Ldkr. Oldenburg, Foto: W. Kehmeier, Landesmuseum Natur und Mensch Oldenburg.

Abb. 13 Felsbild aus der Bronzezeit Skandinaviens mit Darstellung der Leinenfischerei.

Von der jungsteinzeitlichen Siedlung Hunte 1 stammen zwei Angelhaken. Einer wurde aus einer Schweineeckzahn-Lamelle gefertigt (Kosian 2007, S. 229).

Zu einem Hortfund der jüngeren Bronzezeit (ca. 900-800 v. Chr.), in Holzhausen im Ldkr. Oldenburg gefunden, gehört ein bronzener Angelhaken (Gandert 1955, S. 101). Derartige Stücke unterscheiden sich formal kaum von heutigen. Im Gegensatz zu den Pfahlbausiedlungen Süddeutschlands und der Schweiz sind solche Stücke im Norden nur selten aufgefunden worden. Bronzezeitliche Felsbilder werden aber gern als Beleg für die Leinenfischerei dieser Epoche herangezogen. Interessant ist auch der Fund eines bronze-

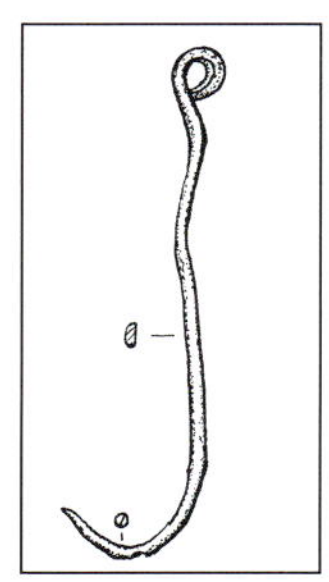

Abb. 14 Eiserner Angelhaken von der Feddersen Wierde, aus Haarnagel 1979.

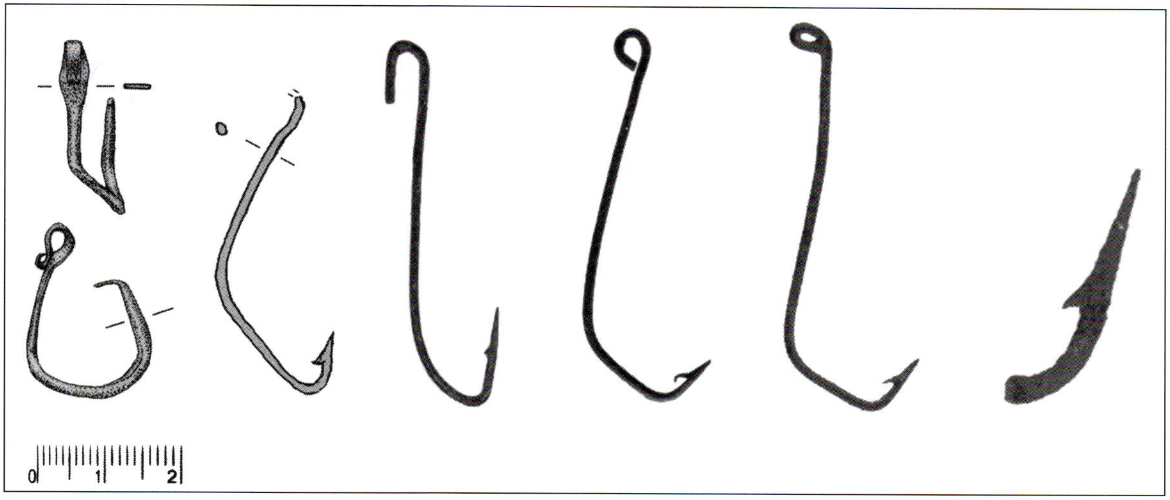

Abb. 15 Angelhaken von verschiedenen Fundstellen in Bremen, aus Bischop 2005-2008, Fotos: Landesarchäologie Bremen.

nen Angelhakens ohne Widerhaken in Ibbenbüren, Kr. Steinfurt in Westfalen. Er wurde als unverbrannte Beigabe einem ca. 11-jährigen Jungen in die Urne gegeben (Gaffrey 2008). Zumindest in Norddeutschland ist dieser Befund einmalig. Aus späterer Zeit ist ein Angelhaken aus Eisen auf der Feddersen Wierde gefunden worden (Haarnagel 1979, 274). Aus dem mittelalterlichen Bremen wurden an verschiedenen Fundstellen Angelhaken aus Bronze oder Messing und Eisen ausgegraben, der älteste aus dem 13. Jahrhundert. Die Funde von gefalteten oder gelochten Bleistreifen werden als Senkbleie für Legangeln interpretiert und durchlochte Muschelschalen könnten als Blinker beim Angeln gedient haben (Bischop 2008, S. 209 ff.). Es waren also alle wesentlichen Ge-

Abb. 16 Gefaltete Bleistreifen, vermutlich Senkbleie fürs Angeln, Bremen, Teerhof, Foto: D. Bischop, Landesarchäologie Bremen.

Abb. 17 Gelochte Austernschalen, evtl. Blinker zum Angeln, Foto: D. Bischop, Landesarchäologie Bremen.

räte ab dem späten Mittelalter verfügbar, wie sie auch noch in der heutigen Angeltechnik – natürlich aus anderen Materialien – zum Einsatz kommen.

Netzfischerei

Fischernetze können in Europa seit der Mittleren Steinzeit nachgewiesen werden. In der Regel sind von den Netzen aber nur noch die Schwimmer (als Flotten bezeichnet) und die Senkgewichte erhalten. Die Schwimmer waren aus leichtem Holz, aus Birkenrinde oder Kiefernborke gearbeitet. Als Netzsenker kamen kleine gekerbte Kieselsteine, Keramikscherben, an der Ostseeküste evtl. auch Feuersteine mit fossilen Löchern (sog. Hühnergötter) zum Einsatz. In Süddeutschland konnten ganze Netzbündel mitsamt Gewichten im Bereich von Hauswänden ausgegraben werden. Wahrscheinlich waren sie hier zum Trocknen aufgehängt.

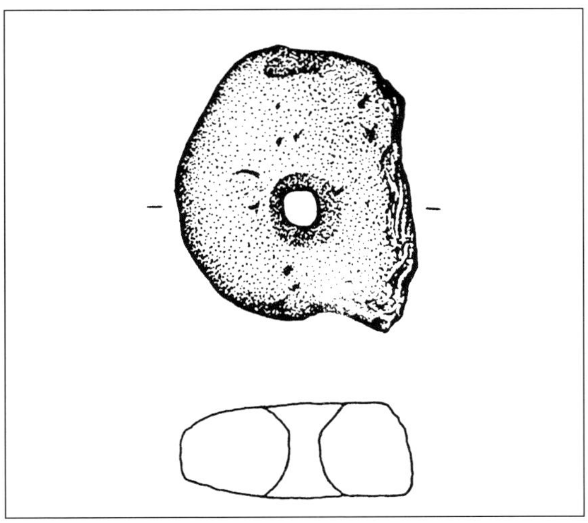

Abb. 18 Durchlochte Kalksteinscheibe (Netzsenker) aus dem Dümmer, aus Eckert 1994, M. 1:2.

Die Frage, ob durchlochte Steinscheiben vom Dümmer als Netzsenker interpretiert werden können (Both 2003, S. 57 f.), muss offen bleiben.
Wahrscheinlich kamen neben den Stellnetzen auch Zugnetze zum Einsatz, der archäologische Nachweis stellt sich aber schwierig dar.

Reusen und Fischzäune

Bei den Ausgrabungen von „Hunte 1“ Ende der 1930er-Jahre am Dümmer konnte auch eine Fischreuse geborgen werden, die heute nur noch in kleinteiligen Resten erhalten ist (Kossian 2007, S. 236 f.). Es handelte sich um kleine,

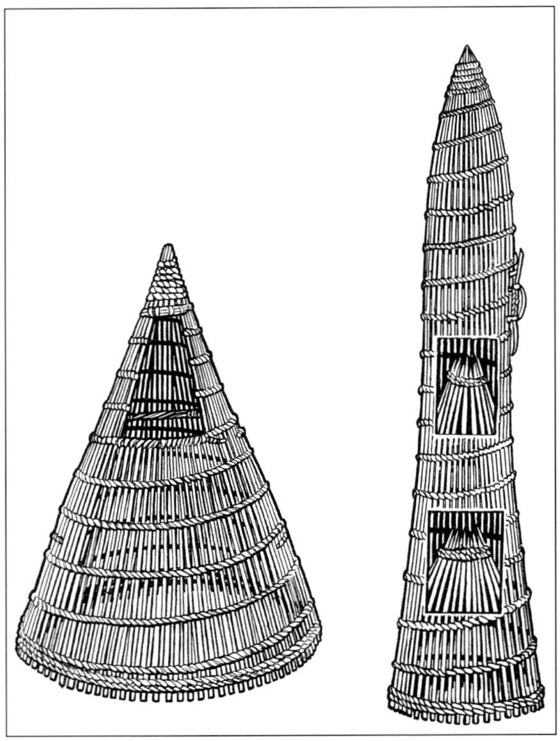

Abb. 19 Rezente Stülpe und Aalreuse von Lunow an der Oder, aus Peesch 1966.

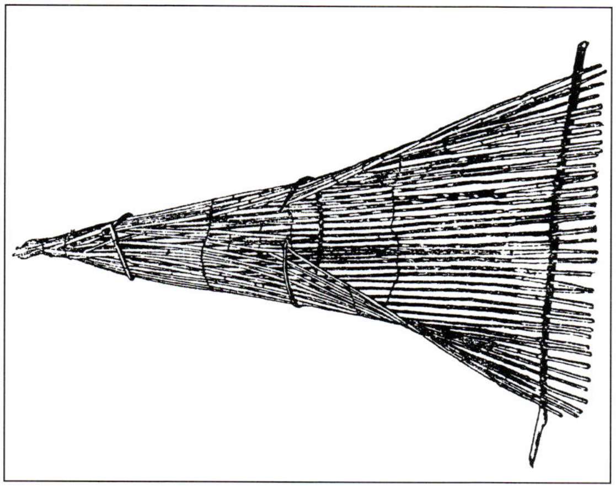

Abb. 20 Trompetenreuse aus Frankreich, aus BRINKHUIZEN 1983.

leicht zu handhabende Korbreusen, die in Typen gegliedert werden: z. B. Reusen ohne vorgeschaltete Kehle (Trompetenreusen) und welche mit trichterförmiger Kehle (Kegelreusen).
Die funktionale Grundform hat sich bis in die Neuzeit kaum verändert. Reusen oder Stülpen sind noch bis 1960 von gewerblichen Reusenmachern z. B. in Lunow an der Oder hergestellt worden (PEESCH 1966). Die ältesten bekannten Stücke stammen bereits aus der Mittelsteinzeit (BRINKHUIZEN 1983, S. 38-45), in Bremen ist ein Fragment aus dem 17. Jahrhundert n. Chr. überliefert (BISCHOP 2005-2008, S. 212). In Oberdorla, in Thüringen, konnten neben vielen anderen Angelgeräten eine Trompetenreuse und mehrere Kegelreusen aus den Jahrhunderten um Christi Geburt ausgegraben werden (BARTHEL 1977). Je nach Kehlenöffnung der Reuse ließen sich unterschiedliche Fische fangen. Eine Öffnung von nur wenigen Zentimetern Durchmesser war für Aale gedacht. Große Reusen mit Innenkehlweiten von ca. 20 cm dienten der Fischerei auf Hecht oder Barsch. Das Prinzip ist recht einfach:

Abb. 21 Fischreuse des 17. Jhs. aus Bremen, Altstadt, Foto: D. Bischop, Landesarchäologie Bremen.

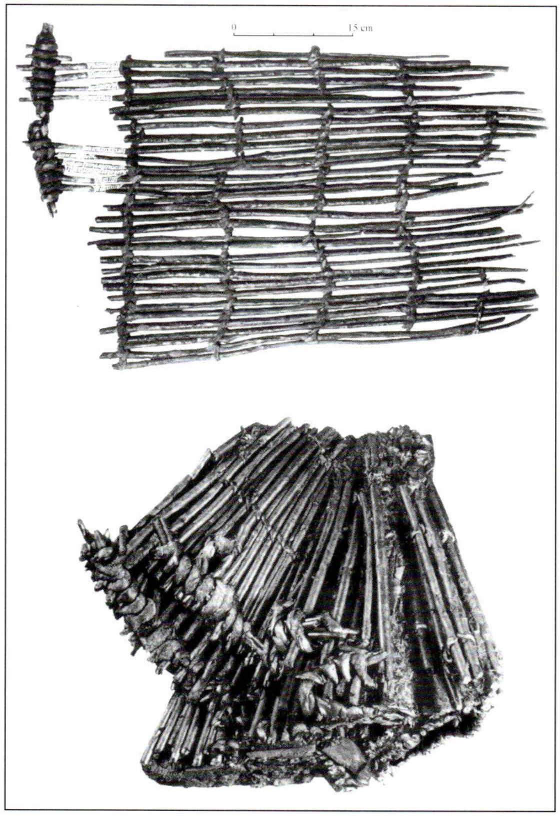

Abb. 22 Fischreuse, „Hunte 1“ am Dümmer, Foto: Archiv Pfahlbaumuseum Unteruhldingen/Heinz Dürr.

Der Fisch schwimmt durch den Trichter in die Reuse und findet nicht mehr den Weg zurück.
Die Trompetenreusen sind ein einfaches Modell für stark strömende Gewässer. In die Strömung gestellt, versucht der Fisch hier hindurch zu schwimmen und verklemmt sich in der verjüngten Öffnung.
Im weitesten Sinne zu den Reusen gehören die Stülpen, die in einigen Ländern Afrikas heute noch gebräuchlich sind. Im Opfermoor des thüringischen Oberdorla konnte solch ein Stück ausgegraben werden (Barthel 1977, S. 150 f.; Taf. 9). Sie ähneln einem Weidenkorb ohne Boden oder sind kegelförmig und werden ruckartig über die Fische gestülpt. Diese können anschließend per Hand entnommen werden. Stülpen sind am flachen Ufer bei kleineren Fischen zum Einsatz gekommen.
Ein enger Zusammenhang bestand stets zwischen Reusen und Fischzäunen, die in Europa

Abb. 23 Rest eines aus Weidenruten und Pflöcken bestehenden Fischzaunes am Ufer der Balge, 980-1080 n. Chr., Foto: D. Jager, Landesarchäologie Bremen.

seit der Mittelsteinzeit überliefert sind. Die Zäune versperrten wandernden Fischen den Weg und leiteten sie zu den angeschlossenen Fangkörben. Diese Technik erinnert an die bis ins 20. Jahrhundert praktizierte Buhnenfischerei. Der mittelalterliche Kappeler Heringszaun an der Schlei hat sich als Denkmal bis heute erhalten (RADTKE 1977). Auch an der Balge in Bremen konnte ein Fischzaun des 11. Jahrhunderts n. Chr. teilweise ausgegraben werden (BISCHOP 2008, S. 207 f.).

Abb. 24 Zentral durchbohrter Fischwirbel, Feddersen Wierde, STRUCKMEYER 2011. Aufnahme D. Reich, Niedersächsisches Institut für historische Küstenforschung, Wilhelmshaven.

Fischknochen als Schmuck und Werkzeug

Fischwirbel sind in der Jungbronzezeit vermutlich als Schmuck getragen worden. Darauf weisen insgesamt 94 Hechtwirbel hin, die durch Erweiterung der Rückenmarksöffnung zu Schmuck umgearbeitet waren und in der Lichtensteinhöhle im Harz gefunden wurden (SCHOON 2010, S. 51). Um einiges jünger, aber wohl ebenfalls mit Schmuckfunktion, sind die durchbohrten Fischwirbel von der Feddersen Wierde einzuschätzen (STRUCKMEYER 2011, S. 79 mit weiteren Vergleichen aus den Niederlanden, York oder Starigard/Oldenburg). Dass die Sitte, Fischknochen als Schmuck zu benutzen, schon seit frühester Zeit geübt wurde, belegt eindrucksvoll ein Befund aus Italien. In der Grotte des Enfants in Grimaldi wurde u. a. eine Dreifachbestattung aus der jüngeren Altsteinzeit ca. ab 35 000 v. Chr. ausgegraben. Ein Mann trug ein Halsband aus 14 verzierten Hirschzähnen, einigen Fischwirbeln und Knochenanhängern, dazu einen Kopfschmuck aus Hirschzähnen, Fischwirbeln und durchlochten Nassaschnecken, einen Brustzierrat aus Knochenanhängern, gelochten Salmwirbeln und einer Doppelolive mit Strichverzierung. An jedem Knie fand sich eine große gelochte Cypraeaschnecke. Das neben ihm liegende Skelett einer jungen Frau war mit vergleichbarem Schmuck versehen, ebenso wie das eines 15-jährigen Jünglings (MÜLLER-KARPE 1966, S. 324 und Taf. 227). Als Gerät oder Werkzeug können Knochenspitzen angesprochen werden, die aus Fulcren vom Stör (Knochen, die dachziegelartig angeordnet die dorsale Kante der Schwanzflosse bilden) gefertigt wurden. Drei Funde von der Feddersen Wierde zeigten mikroskopisch kleine Bearbeitungsspuren. Vergleichbare Spitzen stammen aus den Niederlanden, Hamburg und Schleswig. Man vermutet, dass damit Schalentiere zum Essen aufgespießt werden konnten (STRUCKMEYER 2011, S. 62).

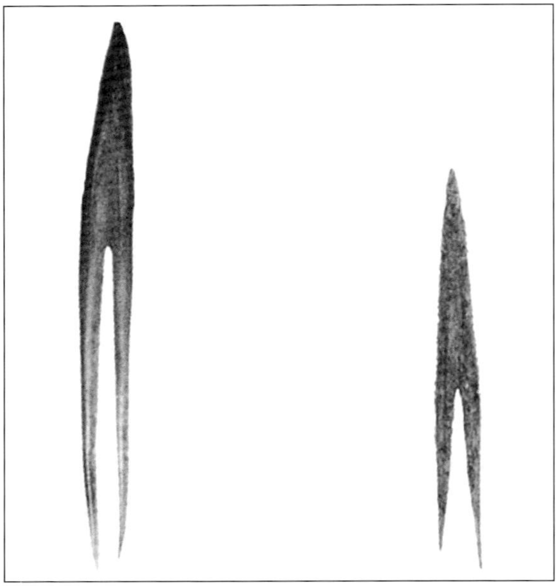

Abb. 25 Fulcren vom Stör, Feddersen Wierde, STRUCKMEYER 2011. Aufnahme D. Reich, Niedersächsisches Institut für historische Küstenforschung, Wilhelmshaven.

Darüber hinaus hat der Fisch als Motiv in der Kleinkunst in allen Zeiten und Kulturen Verwendung gefunden und im Christentum waren und sind Fischdarstellungen mit bestimmten Bedeutungen verbunden, worauf an dieser Stelle aber nicht näher eingegangen werden soll.

Literatur

BARTHEL, H.-J. (1977): Die germanische Binnenfischerei im Gebiet des See- und Moorheiligtums von Oberdorla. Alt-Thüringen 14, S. 148-185.

BISCHOP, D. (2005-2008): Archäologische Nachweise vom Fischfang in Bremen. Bremer Archäologische Blätter NF 7, S. 207-214.

BÖHME, G. (2007): Fisch-, Amphibien- und Reptilien-Reste aus der Schichtenfolge des Rheinsdorf-Interglazials von Schöningen. In: H. Thieme (Hrsg.), Die Schöninger Speere. Mensch und Jagd vor 400 000 Jahren. Theiss Verlag Stuttgart, S. 105-111.

BOTH, F. (2003): Die Binnenfischerei an der Hunte aus archäologischer Sicht. Archäologische Mitteilungen aus Nordwestdeutschland 26, S. 55-61.

BRINKHUIZEN, D. C. (1983): Some notes on recent and pre- and protohistoric fishing gear from Northwestern Europe. Palaeohistoria 25, S. 7-53.

DEICHMÜLLER, J., STAESCHE, U. (1974): Der Mensch und die Tierwelt am Dümmer in vorgeschichtlicher Zeit. Bericht der naturhistorischen Gesellschaft zu Hannover 118, S. 69-86.

ECKERT, J. (1994): Fundchronik 1993 für den Regierungsbezirk Weser-Ems, Nr. 165. Archäologische Mitteilungen aus Nordwestdeutschland 17, 1994, S. 116.

GAFFREY, J. (2008): Ein Angelhaken als Grabbeigabe: Ibbenbüren „Auf'm Trüssel". In: D. Bérenger, C. Grünewald, Westfalen in der Bronzezeit, Münster, S. 69.

GANDERT, O.-F. (1955): Der Hortfund von Holzhausen (Ldkr. Oldenburg). Oldenburger Jahrbuch 55-2, S. 99-113.

GRIMM, J. M. (2003): Untersuchungen an Tierknochen aus der jungbronzezeitlichen Flachsiedlung Rodenkirchen-Hahnenknooper Mühle, Ldkr. Wesermarsch. Probleme der Küstenforschung im südlichen Nordseegebiet 28, S.185-234.

HAARNAGEL, W. (1979): Die Grabung Feddersen Wierde. Feddersen Wierde Bd. II. Steiner Verlag, Wiesbaden.

HEINRICH, D. (1991): Die Fischreste. In: H. Reichstein, Die Fauna des germanischen Dorfes Feddersen Wierde. Feddersen Wierde 4, S. 293-301.

HEINRICH, D. (1994): Die Fischreste aus der frühgeschichtlichen Wurt Elisenhof. In: Studien zur Küstenarchäologie Schleswig-Holsteins Ser. A. Verlag Peter Lang, S. 215-249.

HÜSTER, H. (1983): Die Fischknochen der neolithischen Moorsiedlung Hüde I am Dümmer, Kreis Grafschaft Diepholz. Neue Ausgrabungen und Forschungen in Niedersachsen 16, S. 401-480.

INDREKO, R. (1948): Die mittlere Steinzeit in Estland. Stockholm.

KLOOSS, S. (2007): Fischfanggeräte aus Holz – Mesolithische Holzartefakte von der südwestlichen Ostseeküste. In: M. Fansa, D. Vorlauf (Hrsg.), Holz-Kultur. Von der Urzeit bis in die Zukunft. Schriftenreihe des Landesmuseums für Natur und Mensch, Heft 47.

Kossian, R. (2007): Hunte 1. Ein mittel- bis spätneolithischer und frühbronzezeitlicher Siedlungsplatz am Dümmer, Ldkr. Diepholz (Niedersachsen). Veröffentlichungen der archäologischen Sammlungen des Landesmuseums Hannover, Bd. 52. Welt und Erde Verlag, Kerpen-Loogh.

Krause, W., Kollau, W. (1943): Die steinzeitlichen Wirbeltierfaunen von Stellmoor in Holstein. In: A. Rust (Hrsg.), Die alt- und mittelsteinzeitlichen Funde von Stellmoor. Neumünster, S. 49-59.

Lampen, A. (2000): Fischerei und Fischhandel im Mittelalter. Historische Studien, Bd. 461. Matthiesen Verlag Husum.

Meurers-Balke, J. (1981): Steinzeitliche Aalstecher. Zur funktionalen Deutung einer Holzgerätform. Offa 38, S. 131-151.

Müller-Karpe, H. (1966): Handbuch der Vorgeschichte, Bd. 1, Altsteinzeit. Beck´sche Verlagsbuchhandlung München.

Oldenburg, H. (1980): Eine jungpaläolithische Harpune aus dem Dümmer-See, Ldkr. Diepholz. Archäologisches Korrespondenzblatt 10, S. 207-210.

Peesch, R. (1966): Holzgerät in seinen Urformen. Akademie-Verlag Berlin.

Radtke, C. (1977): Bemerkungen zum mittelalterlichen Fischfang mit Heringszäunen in der Schlei. In: Berichte über die Ausgrabungen in Haithabu 10, S. 123-140.

Rech, M. (2004): Gefundene Vergangenheit, Archäologie des Mittelalters in Bremen. Bremer Archäologische Blätter, Beih. 3. Habelt, Bonn.

Reinerth, H. (1939): Ein Dorf der Großsteingräberleute. Die Ausgrabungen des Reichsamtes für Vorgeschichte am Dümmer. Germanenerbe, S. 226-242.

Schoon, R. (2010): Gefunden an einem besonderen Ort. Zu den Überresten von Tieren aus der Lichtensteinhöhle. Archäologie in Niedersachsen 13, S. 47-51.

Serangeli, J., Bigga, G., Böhner, U., Julien, M.-A., Lang, J. Stahlschmidt, M. (2012): Ein Fenster ins Altpaläolithikum. Archäologie in Deutschland 4/2012, S. 6-12.

Siegmüller A. (2010): Die Ausgrabungen auf der frühmittelalterlichen Wurt Hessens in Wilhelmshaven. Studien zur Landschafts- und Siedlungsgeschichte im südlichen Nordseegebiet, Bd. 1. Verlag Marie Leidorf, Rahden/Westf.

Struckmeyer, K. (2011): Die Knochen- und Geweihgeräte der Feddersen Wierde. Studien zur Landschafts- und Siedlungsgeschichte im südlichen Nordseegebiet, Bd. 2. Verlag Marie Leidorf, Rahden/Westf.

Torke, W. (1993): Die Fischerei am prähistorischen Federsee. Archäologisches Korrespondenzblatt 23, S. 49-66.

Veil, S., Geyh, M. A., Merkt, J., Müller, U., Staesche, U. (1991): Eine Widerhakenspitze aus Lemförde am Dümmer, Landkreis Diepholz. Neue Ausgrabungen und Forschungen in Niedersachsen 19, S. 1-19.

Fischereibiologen untersuchen Fischbestände, Foto: Archiv, IFM-GEOMAR.

Die Überfischung der Weltmeere – Hintergründe, Ursachen und Lösungsansätze

Ute Kapaun, Jörn Schmidt

Die weltweite Fischerei am Limit

Momentan werden jährlich weltweit etwa 154 Millionen Tonnen Fisch und Meeresprodukte produziert (Stand 2011). Davon kommen ungefähr 78 Millionen Tonnen aus der marinen Fangfischerei (davon 53 Millionen Tonnen Fisch, der Rest andere Meeresorganismen), 20 Millionen Tonnen Fisch werden in mariner Aquakultur produziert und der Rest stammt aus landgestützter Aquakultur und Binnenfischerei. Das versorgt die Weltbevölkerung mit durchschnittlich 18,8 kg Fisch pro Jahr und Mensch. Dabei steigt der Pro-Kopf-Konsum stetig, noch in den 60er-Jahren lag er bei knapp 10 kg. Fisch ist eine wichtige Quelle für tierisches Protein, 3 Milliarden Menschen decken ein Fünftel ihrer Aufnahme an tierischen Proteinen durch Fisch.

Fisch ist aber nicht nur ein wichtiges Nahrungsmittel, die Fischerei stellt auch einen bedeutenden Industriezweig dar. Weltweit sind etwa 54,8 Millionen Menschen in der Fischproduktion beschäftigt (38,3 Millionen in der Fangfischerei, 16,5 Millionen in der Aquakultur). Mit den Beschäftigten in den fischverarbeitenden Industrien sind es etwa 220 Millionen Beschäftige. Zusammen mit den Haushaltsangehörigen sind weltweit etwa 800 Millionen Menschen von der Fischerei und Aquakultur abhängig.

Die größten Fangnationen der Welt waren 2010 China (13,3 Millionen Tonnen jährlich), Indonesien (5 Millionen), USA (4,4 Millionen), Peru (4,12 Millionen) und Japan (4,1 Millionen). Deutschland liegt mit etwa 200 Tausend Tonnen auf Platz 50. Die Hälfte der weltweiten Fänge kommt dabei aus dem Pazifik (ca. 40 Millionen Tonnen).

Sardellen (*Engraulis ringens*) waren 2009 die am häufigsten gefangene Fischart mit knapp 7 Millionen Tonnen. Nur ein kleinerer Teil der Sardellen wird als Speisefisch angeboten. Der Großteil des Fanges wird zu Fischmehl und Fischöl verarbeitet und u. a. zur Lachsaufzucht in Aquakulturen verwendet. An zweiter Stelle liegt mit 2,6 Millionen Tonnen der Bonito (*Katsuwonus pelamis*), ein kleine Tunfischart, die häufig als Konserve angeboten wird. Danach folgen

Abb. 1 Bonitos auf Fischmarkt in Male, Malediven, Foto: Jörn Schmidt.

Abb. 2 Fischer am Strand von Sansibar, Foto: Jörn Schmidt.

Atlantischer Hering (*Clupea harengus*) mit 2,5 Millionen Tonnen und Alaska Seelachs (*Theragra chalcogramma*) mit 2,4 Millionen Tonnen.

Bis Mitte der 90er-Jahre erlebte die marine Fischerei einen kontinuierlichen Anstieg der Fangmengen. Zwischen 1950 und 1990 vervierfachten sich die Fangmengen von 20 Millionen Tonnen auf 80 Millionen Tonnen. Seitdem sind die Fangmengen ungefähr auf diesem Niveau geblieben. Die stagnierenden Fangzahlen der vergangenen Jahrzehnte resultieren daraus, dass trotz ständiger Ausweitung der Kapazitäten und der Fanggründe bis in die Tiefsee die Ertragsfähigkeit der Meere erreicht ist. Dabei hat die Zahl der überfischten und zusammengebrochenen Bestände zugenommen. 2009 sind etwa 25 % der weltweiten Fischbestände überfischt, die Hälfte wird maximal befischt und der Rest sind entweder noch nicht maximal befischte Bestände oder Bestände, die sich gerade erholen.

Obwohl in vielen Regionen noch handwerkliche Fischereien das Bild der Fischerei prägen und mit 90 % auch immer noch den größten Teil ausmachen, sind viele Fischereiflotten inzwischen mit hochmodernen großen Trawlern oder Wadenfängern unterwegs. Die größten Fischereifahrzeuge sind über 140 m lange, so genannte Freezer-Trawler, die bis zu 500 Tonnen Fisch pro Tag verarbeiten und zur Konservierung einfrieren können.

Die Fischerei hat einen erheblichen Einfluss auf das Ökosystem Meer. Zum einen zerstören einige Fangmethoden, wie z. B. die Fischerei mit der Baumkurre oder mit Sprengstoff, das Ökosystem direkt. Zum anderen beeinflusst die Befischung bestimmter Arten das komplexe und sensible Zusammenspiel der verschiedenen Tier- und Pflanzenarten im Meer. Zudem verändern sich die Umweltbedingungen, wie Temperatur, Salz- und Sauerstoffgehalt sowie die Qualität des Wassers, z. B. infolge des Klimawandels, und somit auch die Verfügbarkeit bestimmter Arten. Auf dem Weltgipfel für nachhaltige Entwicklung 2002 in Johannesburg wurde daher ein ökosystemarer Ansatz im Fischereimanagement gefordert. 2003 hat die Ernährungs- und Landwirtschaftsorganisation der Vereinten Nationen (Food and Agriculture Organisation, FAO) entsprechende Richtlinien formuliert.

Für die Wissenschaft bedeutet das, dass immer häufiger nicht nur die Biologie einzelner Arten als Grundlage zum Bestandsmanagement untersucht, sondern dass das Ökosystem als Ganzes betrachtet wird. Da die Fischerei eine wirtschaftliche Aktivität ist, versuchen die aktuellsten Ansätze, die Ökologie und die Ökonomie zu verbinden und dies in Modellen zur Bestandsvorhersage zu nutzen.

Warum kommt es zur Überfischung?

Die Ursachen der schwindendem Fischbestände sind vielseitig. Natürlich spielt der Fischereidruck hier eine erhebliche Rolle. Wie stark ein Fischbestand befischt wird, hängt vom Fischereiaufwand ab. Unter Fischereiaufwand versteht man die Flottenstruktur einer Fischerei, das Fanggerät und die Fangtechnik sowie den zeitlichen Umfang der Fangaktivität. Die Fangmenge wird aber auch von der Nachfrage der Konsumenten nach bestimmten Fischsorten oder Verarbeitungsformen determiniert. Die Nachfrage nach Fisch entscheidet letztlich darüber, ob sich der Fischereiaufwand für die Fischer lohnt.

Auf dem Weltgipfel für nachhaltige Entwicklung 2002 in Johannesburg wurde festgelegt, welche Fangmenge jährlich maximal gefangen werden sollte, um die Fischbestände der Welt zu schützen. Diese Fangmenge wird als maximaler nachhaltiger Ertrag (MSY, maximal sustainable yield) bezeichnet. Der MSY gibt die größtmögliche Fangmenge an, die über einen unbefristeten Zeitraum gefangen werden kann, ohne dass der Fischbestand abnimmt. Die Höhe des MSY hängt vom jeweiligen Fischbestand ab und entspricht bei den meisten Fischarten ungefähr der Hälfte des natürlichen Gleichgewichtsbestands ohne Fischereidruck.

Die einzelnen Fischarten unterscheiden sich hinsichtlich ihres wirtschaftlichen Wertes. Die relevante Größe ist daher nicht die Fangmenge in Tonnen, sondern der Wert des Fangertrages, bestehend aus Fangmenge und Anlandungspreis. Neben dem Fangertrag sind auch die Fangkosten entscheidend. Ein höherer Fischereiaufwand führt aufgrund höherer Betriebskosten (Aufwendungen für Löhne, Treibstoff und Ausrüstung) zu höheren Fangkosten. Fischerei lohnt sich nur dann, wenn die Differenz zwischen Fangertrag und Fangkosten hinreichend groß ist. Derjenige Ertrag, bei dem diese Differenz am größten ist, wird als maximaler ökonomischer Ertrag bezeichnet (MEY, maximal economic yield).
Allerdings wird der maximale ökonomische Ertrag nicht in jeder Fischerei erzielt. Vor allem in unregulierten Fischereien wird mit zu hohem Fischereiaufwand gefischt, was wiederum zu einem zu geringen Fischbestand führt. Diesen Zustand nennt man ökonomische Überfischung.

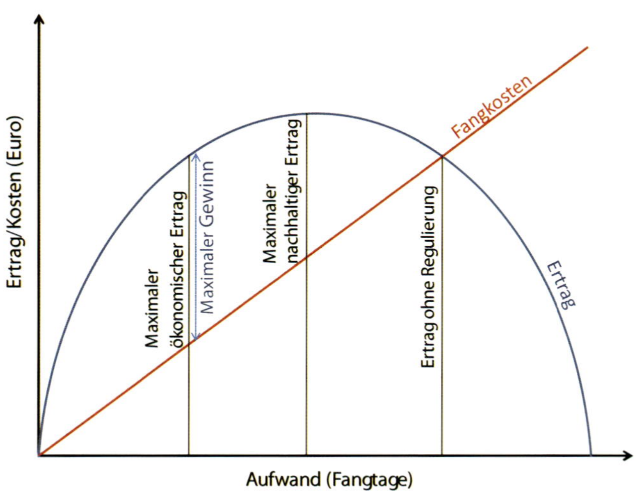

Abb. 3 Relation von Fangkosten und Ertrag, Grafik: Jörn Schmidt.

Das Problem der ökonomischen Überfischung entsteht, weil es sich bei den Meeres-Fischbeständen um eine Gemeinschaftsressource ohne klar definierte Eigentumsrechte handelt. Ein gefangener Fisch gehört dem Fischer und steigert dessen Ertrag, ein Fisch im Meer jedoch nicht. Ein nicht gefangener Fisch hat dennoch einen Wert: er kann sich reproduzieren und selbst an Gewicht zunehmen. Ein im Meer verbleibender Fisch erhöht somit den Wert des zukünftigen Fischbestandes. Diesen Fisch zu fangen hat also einen Preis, den sog. Schattenpreis, da dieser Wert ja sonst verloren ginge. Bei überfischten Beständen, die dringend einer Erholung bedürften, ist der Schattenpreis unter Umständen höher als der Marktpreis des Fisches. Da jedoch der Fisch eine Gemeinschaftsressource ist, zahlt in unregulierten Fischereien niemand diesen Schattenpreis. Dadurch werden die volkswirtschaftlichen Kosten des Fischfanges unterschätzt und es wird mehr gefangen als ökonomisch sinnvoll wäre.
Hat ein Fischbestand die Größe erreicht, die den maximalen ökonomischen Ertrag erlaubt, besteht ein starker Anreiz, den Fischereiaufwand zu erhöhen, um den persönlichen Gewinn zu steigern. In einer unregulierten Fischerei wird der Aufwand solange gesteigert, bis praktisch keine Gewinne mehr möglich sind. Staatliche Beihilfen in Form von Treibstoffvergünstigungen oder Modernisierungsprogrammen führen zudem dazu, dass auch unrentable Fischereien weiterhin betrieben werden können, da die tatsächlichen Kosten durch die Subventionierung künstlich gedrückt werden. Um weltweit den maximalen ökonomischen Ertrag zu realisieren, müsste der Weltbank zufolge der Fischereiaufwand um

44 bis 54 % gesenkt werden. Die entgangenen Gewinne aus der ökonomischen Überfischung schätzt die Weltbank auf 50 Milliarden US-Dollar jährlich. Das ist mehr als die Hälfte des jährlichen Wertes der weltweit angelandeten Fische von rund 90 Milliarden US-Dollar.

Wie kann man der Überfischung begegnen?

Um die Überfischung einzudämmen, bedarf es einer effektiven Regulierung der Fischereien. Das Fischereimanagement kann entweder direkt bei den Fangmengen oder indirekt beim Fischereiaufwand ansetzen.

Um die gesamte Fangmenge auf das biologisch und wirtschaftlich sinnvolle Maß zu senken, legen die Behörden Gesamtfangquoten fest, so genannte TACs (total allowable catches). Gesamtfangquoten allein reichen jedoch nicht aus. Ohne weitere regulierende Maßnahmen würde es zu einen so genannten „Race to fish“ kommen, bei dem jeder Fischer zu Beginn der Fischereisaison versucht, in kürzester Zeit einen möglichst großen Anteil an der Gesamtquote zu fischen. Dies ist nur mit sehr hohem Aufwand möglich. Ist die Quote bereits nach kurzer Zeit erschöpft, bleibt die Fischereiflotte für den Rest der Fischereisaison ungenutzt. Um die Auslastung der Flotte und die Planungssicherheit für die einzelnen Fischer zu erhöhen, wird die Gesamtquote daher auf einzelne Schiffe, Fischer oder Produktionseinheiten aufgeteilt.

Aus ökonomischer Sicht sind vor allem individuell handelbare Fischereiquoten sinnvoll (ITQ, individual transferable quotas). Bei dieser Methode bekommen Fischer individuelle Fangquoten zugeteilt, die sie untereinander frei handeln können. Dadurch haben Fischer, die verhältnismäßig unwirtschaftlich sind, einen Anreiz, ihre Quote zu verkaufen. Fischer, die sehr wirtschaftlich, d. h. zu geringeren Fangkosten fischen, sind hingegen bereit, einen gewissen Preis für zusätzliche Fangquoten zu zahlen, um mehr Fisch fangen zu dürfen. Langfristig führt das zu einer Konzentration der Quoten auf wenige, profitable Fischereibetriebe, die die Gesamtfangmenge zu geringeren Kosten einbringen. Dieser Verdrängungsprozess von kleinen, weniger effizient arbeitenden Fischern mag nicht überall erwünscht sein. Der Verkauf der Quoten erfolgt jedoch freiwillig und nur dann, wenn der Fischer durch den Verkauf seiner Fangquoten besser gestellt ist als ohne die Möglichkeit des Quotenhandels.

Neben Quoten sind auch Fangabgaben denkbar. Bei einer Fangabgabe muss der Fischer einen bestimmten Betrag pro Tonne angelandeten Fisches bezahlen. Durch die Fangabgabe erhält der Fisch seinen wahren volkswirtschaftlichen Wert, also den Schattenpreis. Es besteht folglich kein Anreiz zur Überfischung mehr. Die Fangabgabe entspricht genau dem Wert der individuell handelbaren Fischereiquote. Sie ist jedoch mit einer direkten Zahlung der Fischer verbunden, die ihren Gewinn schmälert. Im Gegensatz dazu werden individuelle Fangquoten meist kostenfrei ausgegeben und daher von Fischern und Politikern bevorzugt.

Ein grundsätzliches Problem besteht darin, die Regulierung der Fangmenge durchzusetzen und zu kontrollieren. Schätzungen gehen davon aus, dass ca. ein Drittel der Produkte, die in den

Abb. 4 Forschungsfang auf der Alkor, Foto: Jörn Schmidt.

Handel gelangen, illegal oder unter Umgehung internationaler Abkommen gefangen wurde. Zudem führen Fangquoten nicht selten zum „High-Grading“, bei dem kleinere oder minderwertige Fische wieder ins Meer zurückgeworfen werden, um die Quote nur mit hochwertigem Fisch aufzufüllen. Es bedarf daher weiterer Regelungen, um die Rückwürfe einzudämmen.
Neben der Begrenzung der Fangmengen wird häufig auch der Fischereiaufwand beschränkt, z. B. durch die begrenzte Vergabe von Lizenzen für Fangschiffe, die Begrenzung der Größe und Motorleistung der Schiffe oder die Beschränkung der Fangdauer auf wenige Tage im Jahr. Aufwandsbasierte Regulierungen bieten jedoch häufig Schlupflöcher. Ist z. B. nur die Fangdauer begrenzt, kann die Fangmenge dadurch erhöht werden, dass die Fangkapazität des Schiffes ausgebaut wird. Außerdem müssen Regulierungen des Fischereiaufwandes ständig an den Stand der aktuellen technischen Entwicklung angepasst werden. Regulierungen des Fangaufwandes sind daher mit hohen Kosten verbunden. Notwendig sind jedoch bestimmte

Vorschriften für Fangtechnik und Fangmethoden, so z. B. ein Verbot besonders zerstörerischer Fangmethoden, wie z. B. das Fischen mit Sprengstoff.

Für Tierarten, die wenig wandern, z. B. Muscheln oder Krebstiere, bietet sich auch eine Regulierung über territoriale Nutzungsrechte (TURF, territorial use rights in fisheries) an. Dabei erhalten einzelne Nutzer oder Nutzergruppen das langfristige Recht, ein räumlich begrenztes Meeresgebiet exklusiv zu befischen. Dadurch haben die Nutzer ein Eigeninteresse daran, die Bestände nicht zu überfischen und so ihr langfristiges Einkommen zu sichern. Da die Nutzergruppen sich häufig selbst verwalten und kontrollieren, senkt diese Regulierungsmaßnahme auch staatliche Ausgaben.

Neben den klassischen Regulierungsmechanismen gibt es auch noch weitere Ansätze, der Überfischung zu begegnen. Marine Schutzgebiete bieten Schonräume für bedrohte Arten. Dabei handelt es sich um abgegrenzte Bereiche des Meeres, in denen wirtschaftliche Aktivitäten – insbesondere die Fischerei – ganz oder teilweise verboten sind. Schutzgebiete eignen sich vor allem für Korallenriffe, aber auch für Rückzugsgebiete der Jungfische verschiedener Fischarten. Sie sind verhältnismäßig einfach einzurichten und zu kontrollieren. Problematisch ist jedoch die Wahl der Lage und der Größe des Schutzgebietes. Zu kleine Schutzgebiete haben eine geringe Wirkung, da die Fische aus dem Gebiet hinauswandern. Zu große Schutzgebiete dienen zwar der Erholung des Fischbestandes, jedoch nützt der höhere Bestand der Fischerei nicht, weil die Fische das Gebiet nicht verlassen.

Keine Regulierung ohne wissenschaftliche Bestandsberechnung

Die beste Regulierung geht ins Leere, wenn der Zustand des Fischbestandes unbekannt oder unzureichend abgeschätzt ist. Die wissenschaftliche Analyse des Bestandszustandes ist daher zentraler Bestandteil eines effektiven Fischereimanagements. Die Abschätzung des Fischbestandes bildet die Grundlage für die Vorhersage zukünftiger Fangmöglichkeiten.

Die wichtigste Grundlage für die Berechnung der Bestandsgrößen von genutzten Fischbeständen ist die jährliche Fangmenge in Bezug zum Fischereiaufwand. Bei regelmäßigen Marktproben werden Geschlechterverhältnisse, Länge, Gewicht und Alter bestimmt. Zusätzlich fahren Beobachter von nationalen Instituten auf einigen Schiffen mit, um Unterproben des Fanges zu untersuchen. Nur so sind derzeit auch Daten über den tatsächlichen Fang zu erhalten. Neben den offiziellen Anlandungen werden hierbei auch die so genannten Rückwürfe erfasst.

Die Daten aus der Beprobung der Fischerei werden durch fischereiunabhängige Daten ergänzt, meist durch wissenschaftliche Ausfahrten. Diese Ausfahrten umfassen Trawl-, Hydroakustik-, Ei- und Larvenausfahrten, um sowohl die Verteilung als auch die Bestandsstruktur zu bestimmen und die Produktion von Nachwuchs im Bestand abzuschätzen. Durch diese Datenserien lassen sich im besten Fall Aussagen über die zukünftige Bestandsentwicklung ableiten, lange bevor Änderungen in der Fischerei erkennbar werden. Insbesondere die Daten über die Menge des Nachwuchses sind essentiell, denn sie bestimmen unmittelbar die zukünftigen

Abb. 5 Dorschfang auf Forschungsschiff Alkor, Foto: Jörn Schmidt.

Fischereimöglichkeiten – es kann nur geerntet werden, was natürlich nachwächst.

Mit den gewonnenen Daten berechnen wissenschaftliche Arbeitsgruppen mithilfe von Populationsmodellen die Größe des Bestandes. Für die nordeuropäischen Meeresgebiete sind diese Arbeitsgruppen im ICES (International Council for the Exploration of the Sea) zusammengefasst. Aufgrund der Berechnungen erteilt der ICES auch Empfehlungen zur Höhe der Gesamtfangmengen, u. a. an die Europäische Union.

Da, wie eingangs erwähnt, die Fänge aus der Fischerei die Hauptgrundlage für diese Berechnung darstellen, wird die Qualität der Ergebnisse auch hauptsächlich von der Qualität dieser Daten beeinflusst. Eine konsistent falsche Angabe würde zu einer Überschätzung (mehr Fang angegeben) oder Unterschätzung (weniger Fang angegeben) der Produktivität eines Bestandes führen. Daten der Fischereiaufsicht lassen darauf schließen, dass wir es vor allem mit einer Unterschlagung von Fang und damit einer Unterschätzung des Bestandes zu tun haben. Auch werden bestimmte Entnahmen derzeit überhaupt nicht berücksichtigt, wie die der Freizeitfischerei. Für eine zuverlässige Berechnung und damit eine präzise Vorhersage müssen alle Entnahmen aus einem Bestand berücksichtigt werden. Dazu zählt auch die nicht unmittelbar durch den Menschen verursachte Dezimierung des Bestandes durch natürliche Sterblichkeit. Die Abschätzung der natürlichen Sterblichkeit ist bei genutzten Fischbeständen jedoch sehr schwer.

Neben einer effektiveren Regulierung der Fischerei tragen somit auch die verbesserte Erfassung der Fischereidaten sowie die Weiterentwicklung der wissenschaftlichen Analyse des Fischbestandes dazu bei, die Überfischung der Weltmeere einzudämmen.

Literatur

FAO Fisheries and Aquaculture Department (2012): The State of World Fisheries and Aquaculture 2012. FOOD AND AGRICULTURE ORGANIZATION OF THE UNITED NATIONS. Rome.

maribus (Hrsg.) in Kooperation mit dem Exzellenzcluster „Ozean der Zukunft“, Die Kieler Meereswissenschaften (2010): World Ocean Review – Mit den Meeren leben. Hamburg.

Otolithen – das diskrete Logbuch der Fische

Michael Gautier

Kaum haben die Larven der Knochenfische ihre schützende Eihülle verlassen, beginnen sie damit, ein Logbuch für ihr zukünftiges Leben anzulegen: eine Chronik sozusagen, die ihr Alter und gegebenenfalls einschneidende Lebensereignisse festhalten wird. Und das sehr diskret, als kleine kalkige Objekte, in einem geheimen, als Labyrinth bezeichneten Bogengangsystem im Schädel, wo so schnell niemand hineinschaut. Otolithen (von oto [griech.] „Ohr"; lithos [griech.] „Stein"), Statolithen oder auch „Gehörsteinchen" nennt man die Informationsträger, die kaum jemand zu Gesicht bekommt – topsecret irgendwie. Diese markanten Gebilde aus Kalk und Protein wachsen zeitlebens mit dem Fisch in Sommer- und Winterringen und protokollieren seinen Jahresgang – und irgendwie erinnern die hellen und dunklen Ringe an das Wachstum von Bäumen.

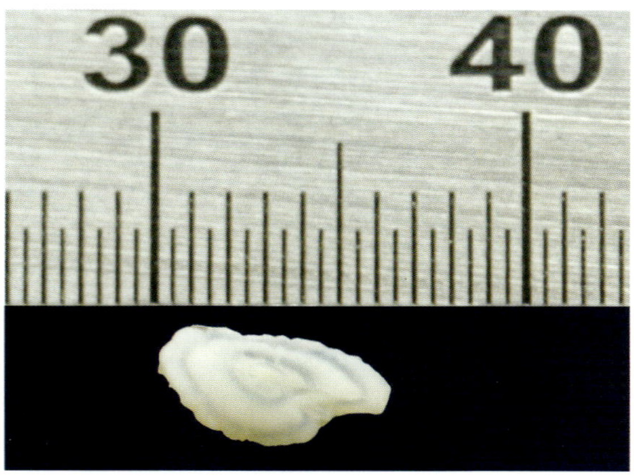

Abb. 1 Otolith eines Seeskorpions (*Myoxocephalus scorpius*) im 3. Lebensjahr, Foto: Michael Gautier.

Sagitta, Lapillus und Asteriscus

Der Fischereibiologe freut sich über das Jahresarchiv im Fischschädel – dem Fisch wird diese Bewandtnis einerlei sein, er ist auf das paarig angelegte, dreidimensionale Bogengangsystem in zweierlei Hinsicht angewiesen.

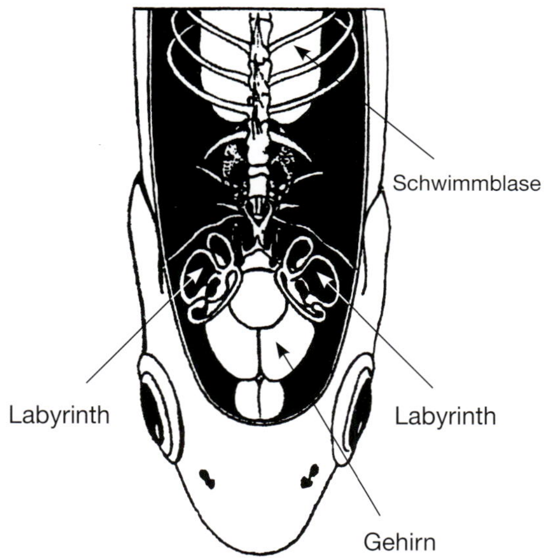

Abb. 2 Aufsicht auf das Labyrinth eines typischen Knochenfisches, geändert nach Lagler et al. 1977.

Zum einen regelt er mit Hilfe des membranartigen Labyrinths sein Gleichgewicht in der Wassersäule und koordiniert so seine Bewegungen. Gleichzeitig übernimmt das Labyrinth als entwicklungsgeschichtliche Spezialisierung des Seitenlinienorgans die akustische Wahrnehmung der Kiefer tragenden Knochenfische. Jedes der beiden Labyrinthe gliedert sich in ein zusammenhängendes System aus halbkreisförmigen Gängen und speziellen Kammern – diese bezeichnet man als Utriculus, Sacculus und Lagena. Sie enthalten eine als Endolymphe

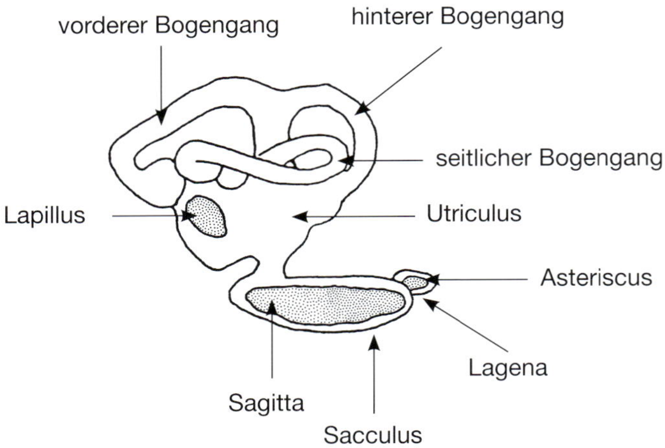

Abb. 3 Seitliche Ansicht des rechten Labyrinths eines kabeljauartigen Fisches, geändert nach Härkönen 1986.

benannte Flüssigkeit und sind mit einer Schicht von Sinneszellen (Maculae) ausgekleidet. Über jeder Macula befindet sich ein Otolith, der bei Progressivbeschleunigung (lineare Beschleunigung) Impulse in der Vertikalen oder Horizontalen auslöst. Auch die drei unterschiedlich großen Otolithen haben eigene Bezeichnungen und befinden sich in den benannten Kammern wie folgt: Der Asteriscus in der Lagena, der Lapillus im Utriculus und die als größter Otolith bezeichnete Sagitta schwimmt in der Endolymphe des Sacculus.

Von den drei oben genannten Kammern gehen rechtwinklig drei aufeinander stehende röhrenartige Bogengänge ab, die die drei verschiedenen Dimensionen des Raumes repräsentieren. In der Ebene der Bogengänge registriert der Fisch auftretende Drehbeschleunigungen (Winkelbeschleunigung) und wird zusammen mit den Impulsen der Progressivbeschleunigung über seine Schwimmlage in der Wassersäule informiert.

Auch wenn sich das Fischalter in allen Otolithen offenbart, haben sich überwiegend die beiden großen sagittalen Otolithen für die wissenschaftliche Altersbestimmung als effizient erwiesen. Sie sind bei vielen Fischarten leicht auffindbar und einfach zu entnehmen.

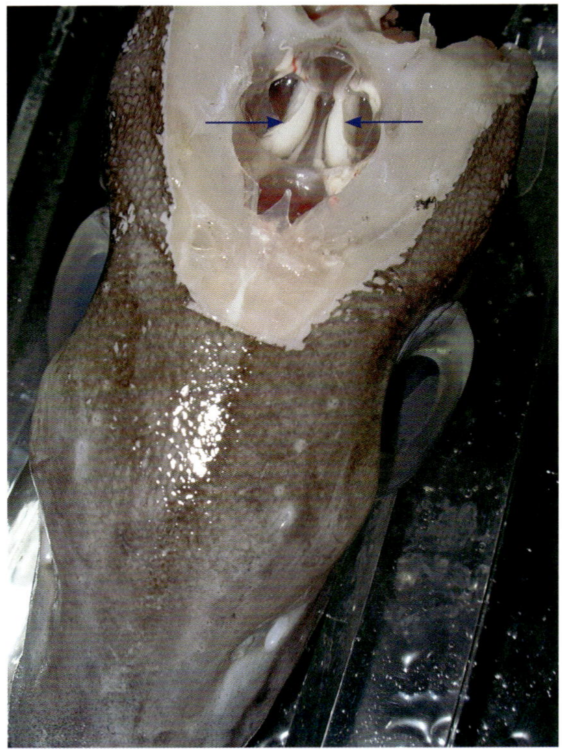

Abb. 4 Die Lage der sagittalen Otholithen beim Schellfisch (*Melanogrammus aeglefinus*), Foto: Michael Gautier.

Die Sagitta – der größte Otolith

Bei der Bearbeitung fischfaunistischer Fragestellungen spielt die Sagitta – bei den meisten Knochenfischen der größte Gehörstein – eine bedeutende Rolle. Die artspezifische Gestalt macht sie zu einem unverwechselbaren Bestimmungsmerkmal.

Als biologischer Beleg zeugt sie bei fossilen oder zersetzten Fischen von der einstigen Präsenz einer Fischart, selbst wenn der Rest des Fisches längst nicht mehr existiert. Dieser Umstand macht sie neben der Altersbestimmung auch bei der Untersuchung qualitativer und quantitativer Nahrungszusammensetzungen, wie z. B. bei Meeressäugern (Seehunden, Delfinen oder Walen) oder Seevögeln, zu einem wichtigen Indiz.

In der Mikropaläontologie eignen sich die kalkigen Gebilde, um auch nach Millionen von Jahren Otolithenfunde einer Fischart zuzuordnen und Aussagen über den Fund und den Fundort zu machen. Um die in der Praxis oft durch Erosion oder Säuren angegriffenen Gehörsteine zu identifizieren, bedarf es eines Bestimmungsschlüssels mit festgelegten, kennzeichnenden Strukturen. Vor diesem Hintergrund erscheint es plausibel, die teils unförmigen und unscheinbaren Kalkgebilde näher unter die Lupe zu nehmen, um markante Auffälligkeiten zu definieren. Mit der Beschreibung einer Innen- und Außenseite und eines vorderen und hinteren Endes lassen sich die spiegelbildlich gebauten Gehörsteine als Otolithen des rechten und linken Labyrinthes unterscheiden. Aber erst die Beschreibung von höher aufgelösten Strukturen wie Furchen, Erhebungen, Kerbungen, Rändern und Zähnelungen macht den Otolithen einzigartig. Mit dieser taxonomischen Einteilung von Otolithen steht ein spezieller Bestimmungsschlüssel zur Verfügung, der z. B. bei der Bestimmung und Bearbeitung nicht mehr identifizierbarer Fischproben hilfreich sein kann.

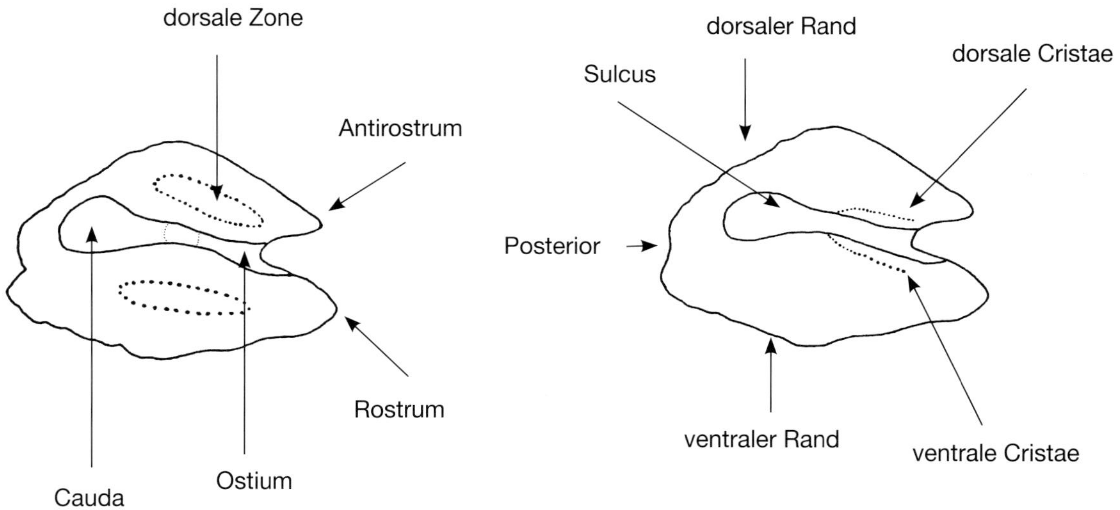

Abb. 5 Die Morphologie der linken Sagitta des Grauen Knurrhahns (*Eutrigla gurnardus*), geändert nach Härkönen 1986.

Design aus Kalk und Protein

Genauer unter die Lupe genommen entpuppen sich Otolithen als unregelmäßig geformte, weiße Kalkgebilde. Erst die hohe Auflösung eines Rasterelektronenmikroskops enthüllt die rhombisch-kristalline Struktur des Aragonits, einer Kalziumcarbonat-Variante, dessen Anteil bis zu 95 % ausmachen kann. Als verbindende Kittsubstanz fungiert mit 0,2 bis zu 10 % Otolin, ein hochmolekulares Protein, das in seiner Zusammensetzung dem Keratin, einem wasserunlöslichen Faserprotein, ähnelt, das in Haaren und hornartigen Strukturen von Mensch und Tier zu finden ist.

Wie die Rillen einer Schallplatte ordnen bereits die frisch geschlüpften Fischlarven ihr Alter in Form konzentrischer Tagesringe um einen Kern (Nukleus) an. Mit zunehmendem Alter verändert sich jedoch die Struktur der Otolithen, die Tagesringe weichen – je nach Fischspezies – mehr oder minder klar erkennbaren Jahresringen. Genau genommen stellt sich das „Fischjahr" mit einem so genannten Sommerring und einem Winterring dar. Das umfangreiche Nahrungsangebot der wärmeren Jahreszeit bewirkt gesteigerte Zuwachsraten und eine erhöhte Aragonit-Einlagerung, wodurch im Gehörstein ein breiter opaker Sommerring entsteht. Wenn sich der Nahrungsumfang in den Wintermonaten

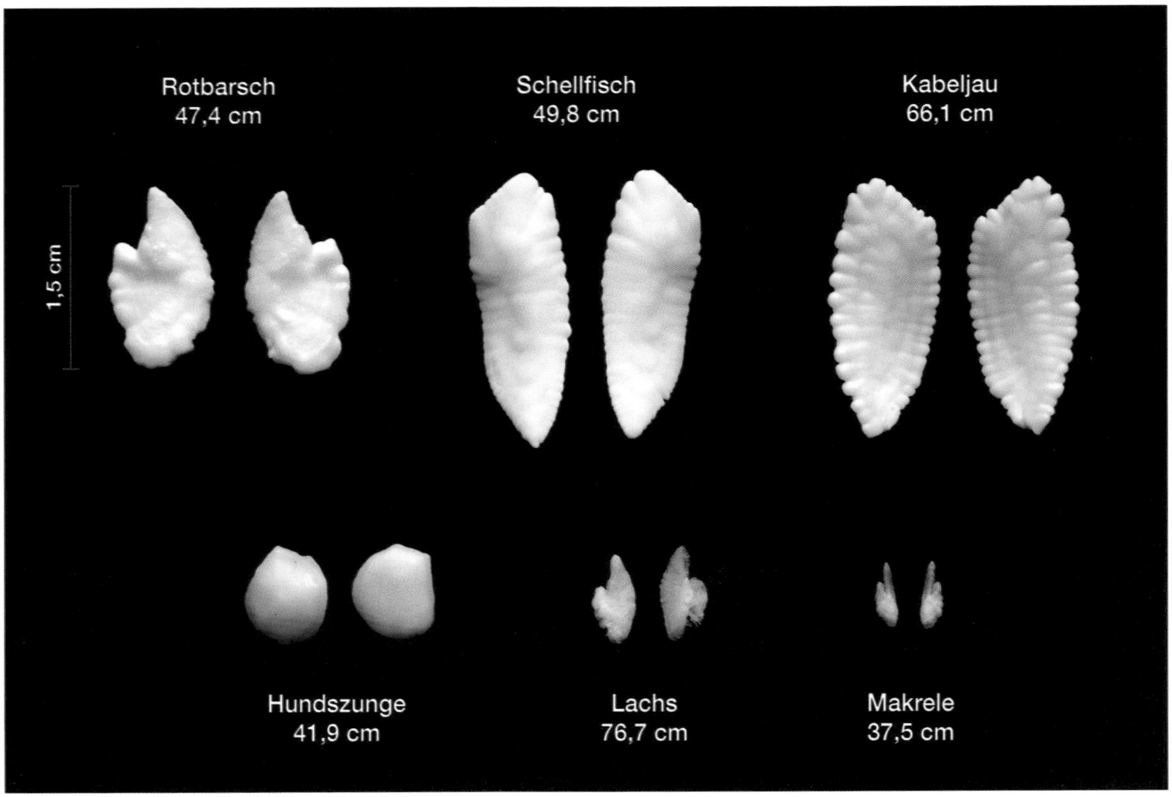

Abb. 6 Die Gehörsteine der Knochenfische sind arttypisch ausgeprägt, Foto: Michael Gautier.

reduziert, führt dies zu einer Verminderung der Kalkeinlagerung in den Otolithen zugunsten des Otolins – es bildet sich der schmalere (hyaline) Winterring, auch Annulus genannt. Mit dem Mikroskop betrachtet hängt das Erscheinungsbild der Ringstrukturen vom verwendeten Licht ab: Die optisch dichten Sommerringe erscheinen im Auflicht hell und bei Durchlicht dunkel, bei den durchscheinenden Winterringen verhält es sich genau anders herum.

Im Laufe des Fischlebens verändern sich die Gehörsteine kontinuierlich, so dass sich die Statolithen von Jungfischen im Aussehen von denen erwachsener Fische stark unterscheiden können. Das bedeutet, der Gehörstein wächst zeitlebens und sein Erscheinungsbild verändert sich kontinuierlich während der Lebensspanne bis zur Maximalgröße – es gibt keine durchgehend gleich bleibende Form innerhalb einer Art. Dennoch haben die kalkigen Gebilde ein artspezifisch unverwechselbares Design und lassen sich damit auch als Bestimmungsobjekte in unterschiedlichen wissenschaftlichen Aufgabenstellungen verwenden.

Übers Alter spricht man nicht?

Wohl niemand kommt im Fischgeschäft auf die Idee, sich nach dem Alter eines Kabeljaus, eines Rotbarsches oder irgendeines anderen Fisches auf der anderen Seite der Ladentheke zu erkundigen. Allenfalls die Frage: „Ist der auch ganz frisch?“ hört man gelegentlich. Und doch gibt es ausreichende Gründe, sich für das Alter der wechselwarmen Fische zu interessieren – rein wissenschaftlich selbstverständlich. Denn mit der genauen Kenntnis des Alters und weiteren Eckdaten lässt sich die Lebensgeschichte eines Fisches rekonstruieren, die Grundlage für ein nachhaltiges Fischereimanagement – damit beim Verbraucher auch zukünftig frischer Rotbarsch, Seelachs oder Kabeljau in der Pfanne brutzeln. Von populations-dynamischen Parametern spricht der Fischereibiologe, wenn es darum geht, den optimalen Ertrag zu berechnen und Wachstumsfunktionen, Längen-Alters-Schlüssel oder die Sterblichkeit zu ermitteln.

Auf Forschungsausfahrten und durch Beifanguntersuchungen gewinnt man stichprobenartig Informationen über den Zustand von Fischbeständen. Mit Längen- und Gewichtsangaben und dem Entwicklungszustand der Fortpflanzungsprodukte (Gonaden) lassen sich Aussagen über die Bestandsstruktur und Reproduktion einer Fischart machen – vorausgesetzt man kennt das Alter.

Mit Larven- und Jungfisch-Bestandsaufnahmen lassen sich zukünftige Populationsstärken berechnen. Über die konzentrisch angelegten Tagesringe der so genannten O-Gruppe (alle Jungfische, die noch kein ganzes Jahr alt sind) kann man aber auch das Schlüpfdatum der Larven zurückberechnen. Und korreliert man die Daten mit den vorherrschenden Strömungsverhältnissen, lassen sich die potenziellen Laichplätze herausfinden. Derart ausgewiesene Laichgebiete können für den Fortbestand einer Fischart eine besondere Bedeutung erlangen und als schützenswert deklariert werden.

Der Fortbestand einer Fischart hängt nicht zuletzt von der erfolgreichen Reproduktion ab. Das Verhältnis von Gonadengewicht zum Körpergewicht ergibt den so genannten Gonado-

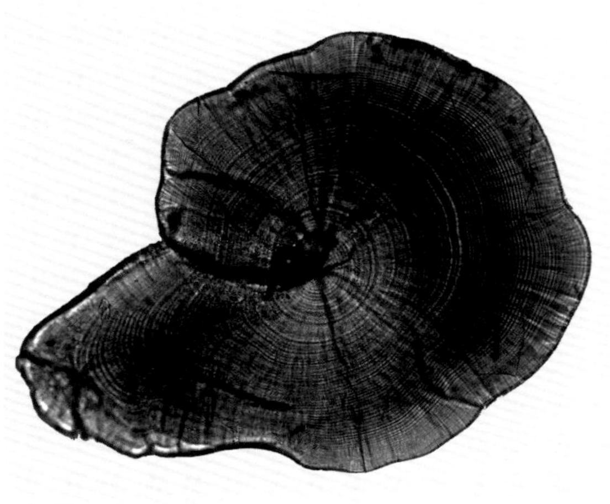

Abb. 7 Otolith einer ca. 70 Tage alten Sprotte mit deutlich erkennbaren Tagesringen, Foto: Claudia Günther, Universität Hamburg, IHF.

somatischen Index. Je größer der Index, desto näher rückt das Laichdatum heran. Besonders wichtig für eine bestandserhaltende Fischerei ist jedoch die Kenntnis über den Zeitpunkt der ersten Geschlechtsreife. Langsam wachsende Tiefsee-Arten, wie z.B. der lebend gebärende Rotbarsch (*Sebastes* spec.) erleben dieses Ereignis zum ersten Mal mit ca. 13 Jahren, wenn sie eine Länge von ca. 30 bis 50 cm haben. Mit jedem gefangenen Weibchen unterhalb der Fortpflanzungsreife oder vor dem Laichtermin gehen der Fischwirtschaft 50 000 bis 350 000 potenzielle Nachkommen verloren.

Hartteile speichern das Alter

Bei den Knochenfischen (Osteichthyes) manifestiert sich das Alter in den verschiedenen Hartteilen, meistens als ringförmig alternierende Struktur. Altersbestimmungen lassen sich nicht nur an den Otolithen, sondern auch an Schuppen, Wirbeln, Flossenstrahlen oder massiven Knochen, wie z.B. dem Kiemendeckel durchführen. Dabei handelt es sich bei allen Praktiken letztendlich um das Erkennen und die Deutung der jahreszeitlichen Schichtungen. Bei auf- oder durchfallendem Licht enthüllen helle und dunkle – als Sommerringe und Winterringe bezeichnete ringartige Anordnungen – das Lebensalter.

Bei einigen Fischarten wie z.B. der Scholle (*Pleuronectes platessa*), sind die Jahresringe der Statolithen so deutlich erkennbar, dass sie sich mit dem bloßen Auge ablesen lassen. So einfach ist das Alter aber nicht bei allen Spezies zu erkennen. Viele Arten „verschleiern" ihre Bejahrtheit und es bedarf einiger Techniken und Tricks, um die Jahresringe sichtbar zu machen. Je nach Dicke und Beschaffenheit des Gehörsteins helfen Chemikalien zum Aufhellen (z.B. Alkohol, Glyzerin) oder besondere Behandlungen wie Schleifen, Schneiden, Brechen, Färben, Ätzen oder Brennen (Crack-and-burn Methode).

Sind die Jahresstrukturen klar herausgearbeitet, gilt es, sie richtig zu zählen und richtig zu interpretieren. In diesem Zusammenhang spielt auch das Fangdatum eine wichtige Rolle. Nach internationaler Übereinkunft haben alle Meeresfische auf der nördlichen Erdhalbkugel am ersten Januar des Jahres „Geburtstag". Bei Fischen, die vor dem ersten Januar ins Netz gegangen sind, hat ein äußerer Winterring daher keine Bedeutung bei der Altersbestimmung.

Die richtige Beurteilung der ringförmigen Anordnungen erfordert Erfahrung. Schon oft haben winterliche „Doppelringe" oder sommerliche „Zwischenringe" zu Fehlern in der Altersbe-

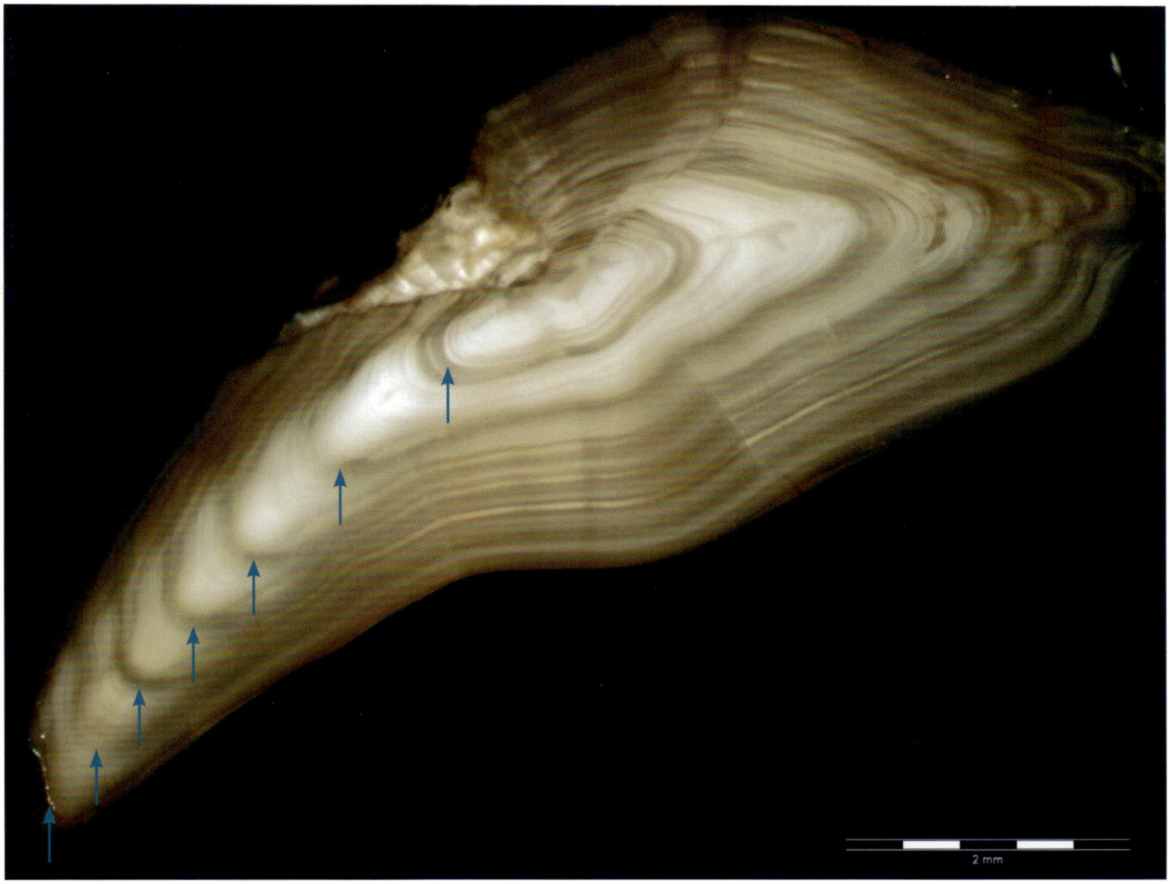

Abb. 8 Gehörstein eines sieben Jahre alten Nordsee-Kabeljaus (*Gadus morhua*). Die bräunliche Färbung rührt von der Bearbeitung nach der Crack-and-Burn Methode, Foto: Rebecca Lauerburg, Universität Hamburg, IHF.

rechnung geführt. Mit der Kenntnis, dass sich Sommerringe mit zunehmendem Alter – also zum Rand hin – kontinuierlich verschmälern, lassen sich ebenfalls Fehler bei der Deutung der ringförmigen Muster vermeiden.

Mit den in Sommerringen auftretenden und als „Checks“ bezeichneten hyalinen Zwischenringen hat es eine besondere Bewandtnis. Sie fallen zwar aus der Altersberechnung heraus, geben aber Aufschluss über auffällige Ereignisse. Diese können während der Reproduktionszeit physiologischer Natur sein (z. B. Laichring) oder aber auf Umweltveränderungen hindeuten, die beispielsweise auch auf Schlechtwetterlagen zurückzuführen sind.

Unerschöpfliches Forschungspotenzial

Seit Jahrzehnten erforschen Meeresbiologen die Lebensgeschichte von Fischen und versuchen insbesondere über die Altersbestimmung und die Interpretation des „Otolithen-Archivs“ die Geheimnisse der verschiedenen Arten zu lüften. Bei fast 26000 Knochenfischarten und einem Spektrum an stark wechselnden Lebensräumen, die sich von den arktischen Zonen über die gemäßigten Breiten bis in die Tropen erstrecken, erscheint das Forschungspotenzial unerschöpflich. Antrieb für die ehrgeizigen Forschungen ist nicht nur rein wissenschaftlicher Forschungsgeist, dahinter stehen vor allem auch wirtschaftliche Interessen, Fischbestände erfolgreich zu managen. Produktivität ist das Schlagwort.

Die gewonnenen Daten und Fakten bisheriger Untersuchungen sind zum einen das Ergebnis jahrelanger Feldforschung und zum anderen lassen sich über laborgesteuerte Experimente Erkenntnisse herausfinden. Zum Beispiel hinterlassen bestimmte Substanzen bei chemisch markierten Fischlarven Merkmale in den Otolithen, sodass sich der Tagesringzuwachs auch unter verschiedenen Lebensbedingungen berechnen lässt. Die Größenzunahme der lebenslang wachsenden Fische ist im ersten Lebensjahr am größten und stellt damit auch einen wichtigen Überlebensfaktor dar.

Neben einigen anderen Möglichkeiten der Altersbestimmung haben sich die Gehörsteine der Fische als sehr zuverlässige Quelle erwiesen. Darüber hinaus können sie auf Umweltveränderungen reagieren und diese als auffällige Unregelmäßigkeit in der Otolithenstruktur hinterlegen. Doch hin und wieder finden sich in Fischen auch Otolithen, die durch ihre außergewöhnliche Gestalt überraschen. Es handelt sich in diesen Fällen um abnorme kristalline Sagitten, die zwar eher selten sind, den Forscher aber vor die – bislang unbeantwortete – Frage nach dem Grund dieser Deformationen stellen. Erfährt der Fisch durch diese Anomalien in seinem Labyrinth keine Beeinträchtigung, die ihn bei der Orientierung in der Wassersäule irritiert, wird er problemlos damit leben. Ein korrekt geführtes lebenslanges Tagebuch trägt er ohne die typischen konzentrischen Ringe allerdings nicht mit sich herum.

Literatur

Härkönen, T. (1986): Guide to the otoliths of the bony fishes of the Northeast Atlantic, Danbiu ApS. Biological consultants Hellerup, Denmark.

Lagler, K. F., Bardach, J. E., Miller, R. R., Passino, D. R. (1977): Ichthyology, Second Edition, John Wiley & Sons, New York.

http://frankhartmann.de/Neue_Dateien/Otolithenkurs_hartmann.pdf.

http://www.uni-hamburg.de/ihf/dailyoto_e.pdf.

Meeresmüll global

Ulf Beichle

Abfallprodukte entstehen bei allen Vorgängen, bei denen Prozesse des Lebens inbegriffen sind. Alle Lebewesen produzieren Substanzen, die abgegeben werden und für die jeweiligen Organismen nicht mehr verwendbar sind. Dabei hat sich im Verlauf der Evolution ein dynamisches Gleichgewicht entwickelt, bei dem die Endprodukte der einen Gruppe von anderen Gruppen weiter genutzt werden. Denken wir beispielhaft an die Pflanzen, deren Ausscheidung von Sauerstoff zur Vorbedingung für alles tierische Leben gelten muss. „Abfall“ hat hier eine zentrale positive Bedeutung. Dieser Aspekt zieht sich wie ein roter Faden durch die Evolution von Pflan-

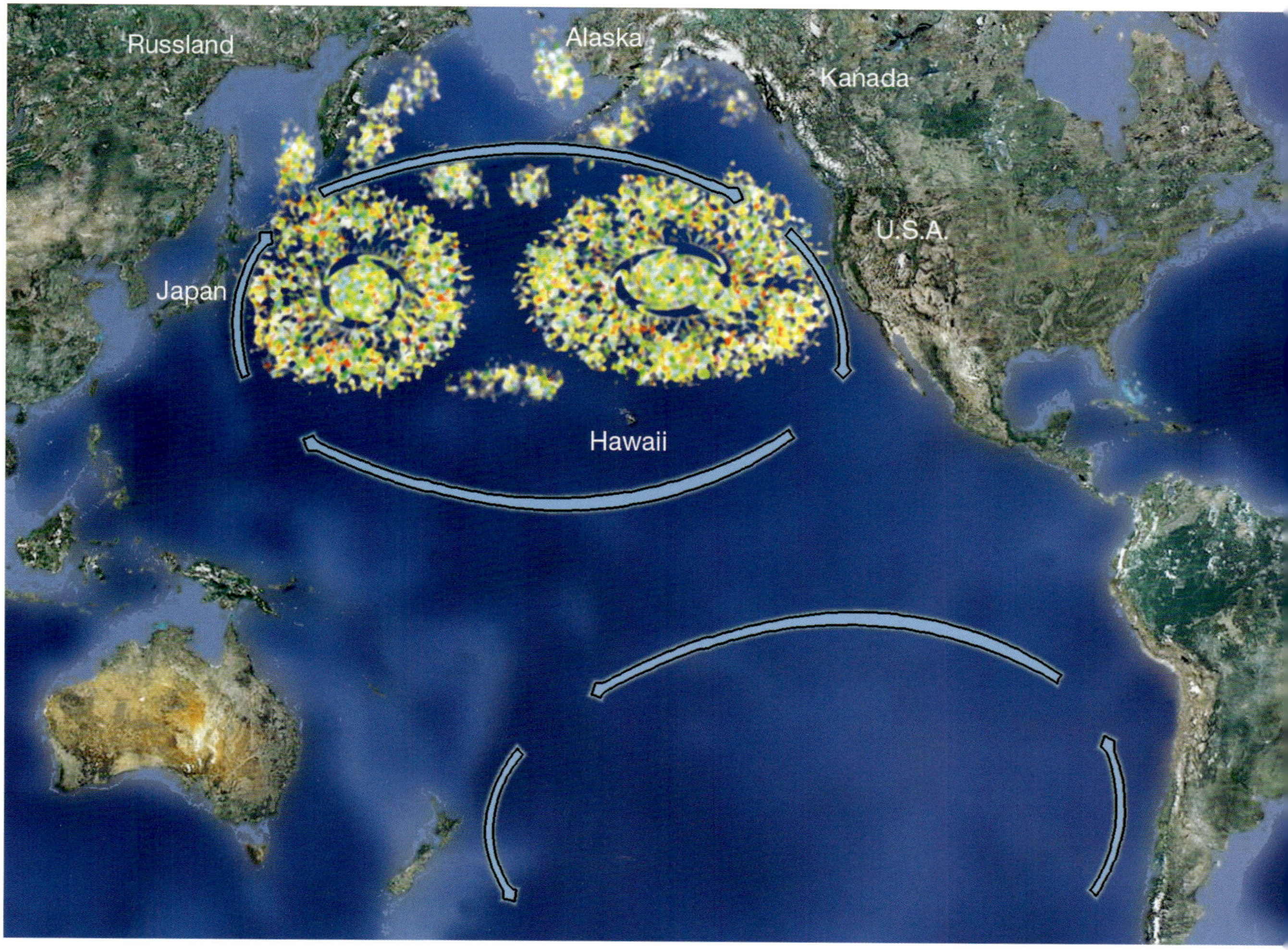

Abb. 1 Der Strömung an der Oberfläche des Pazifiks folgen die zahllosen Müllobjekte. Bei dem Reaktorunfall in Fukushima gelangten auch radioaktive Substanzen ins Meer, die inzwischen von Japan ausgehend die amerikanische Westküste erreicht haben.

Abb. 2 Traditionelle Behälter wie diese in Samoa aus Kokospalmenblättern geflochtenen Körbe sind stabil und umweltneutral. Sie bekommen zunehmend Konkurrenz durch Kunststoffbehälter, Foto: Beichle.

zen, Pilzen und Tieren und bewegt sie in einer Weise, bei der die Beteiligten mit angemessenen Reaktionen ihren Vorteil wahren können.

Reste von Werkstoffen, Geräten oder von Nahrungsmitteln entstehen, seit Menschen mit Werkzeugen ihre Nahrung sammeln, transportieren und zubereiten. Daran hat sich bis heute prinzipiell nichts geändert; der Unterschied besteht allerdings darin, dass die verwendeten Materialien nicht mehr in einen natürlichen Kreislauf zurückkehren, sondern dass sie sich als Fremdkörper unterschiedlicher Dimensionen an Land und im Meer sammeln.

Mit der Erfindung der Kunststoffe aus Erdöl ist eine Wende eingetreten, deren globale Folgen nicht absehbar sind. Innerhalb weniger Jahrzehnte haben Kunststoffe zahllose traditionelle Geräte ersetzt und neue Entwicklungen eingeleitet. Ein Ende der Nutzung von Kunststoffen ist nicht in Sicht, auch wenn die Vorräte an fos-

Abb. 3 Plastiktüten und Essgeschirr gelangen seit einigen Jahren in den Handel und auf die Märkte der Samoa-Inseln. Hier werden Kakaobohnen auf dem Markt von Apia angeboten. Diese zu Zehntausenden verwendeten Behälter enden oft im Meer oder im Korallenriff, Foto: Beichle.

silen Lagerstätten begrenzt sind. Die Aufbruchstimmung im Zusammenhang mit Gegenständen aus Kunststoffen, die in dem Buchtitel „Wir bauen eine neue Welt" ihren Ausdruck fand, hält weiterhin an. In der Tat erfinden wir täglich neue Materialien, die neue Perspektiven bieten. Dass aber mit neuen Geräten auch neue chemische Verbindungen eingebracht werden, die die Kohlenwasserstoffe ergänzen, bleibt weitgehend unbeachtet.

Über den Umgang mit unseren zivilisatorischen Resten beginnen wir erst jetzt nachzudenken, nachdem gigantische Mengen von Müll entstanden sind. Deponien an Land sind nur in relativ geringem Umfang etabliert, in vielen Ländern bleibt der Land-Müll unkontrolliert sich selbst überlassen.

Noch ausgeprägter ist dies bei dem Müll, der in die Binnengewässer oder in die Meere gelangt. Wasser als „Entsorger" ist in der Menschheits-

Abb. 4 Besonders problematisch wirkt sich Kunststoffmüll in Mangrovegebieten aus. Wie hier auf der Pazifikinsel Upolu werden unter anderem Jungfische geschädigt. Langfristig werden auch diese Müllteile bei Hochwasser ins Meer gespült, Foto: Beichle.

geschichte ein bewährtes und kostenloses Medium, das zumindest so lange keine Probleme verursachte, wie bestimmte Regeln befolgt wurde, beispielsweise an Bächen und Flüssen den Abfall unterhalb der Entnahmestelle für Trinkwasser abzuladen. Die Übertragung infektiöser Keime kann dadurch vermieden werden.
Die neue Situation mit schwer zersetzbaren und chemisch belasteten Kunststoffen hat nun die Konsequenz, dass sich Millionen Tonnen Plastikmüll in den Meeren der Welt gesammelt haben. Aus dem Pazifik wird ein „Kontinent aus Plastik" gemeldet. Durch die Strömungen an der Oberfläche des Nordpazifiks werden die Plastikteile wie auf einer riesigen Drehscheibe zusammengeführt und im Kreis bewegt.
Meeresvögel sind wie viele andere Tiere davon betroffen, denn sie verfangen sich in den Res-

Abb. 5 Nichtflügge Albatrosse auf dem Midway Atoll verhungerten mit vollem Magen. Die fütternden Altvögel hatten Müllteile mit Nahrung verwechselt, Foto: Archiv Mellumrat.

ten von Netzen, Leinen, oder Verpackungen. In zahllosen Fällen nehmen sie die treibenden Objekte auf, weil sie dies seit Jahrmillionen erfolgreich getan haben: an der Oberfläche schwimmende Partikel waren vor der Plastik-Zeit fast immer essbar, seien es Fische oder Tintenschnecken. Nun aber treiben auch Feuerzeuge, Nylonschnüre, Folienreste und vieles mehr in den Weltmeeren. Albatrosse und Eissturmvögel beispielsweise füttern ihre Jungen mit derartigen Objekten, bis der Verdauungstrakt blockiert ist und ein qualvoller Tod eintritt. Auch an Land bleibt Meeresmüll eine tödliche Falle: Seevögel polstern ihre Nester anstelle von Meeresalgen mit Netzresten aus mit der Folge, dass sich Alt- und Jungtiere strangulieren.

Offensichtlich sehen Meerestiere die schwimmenden Müll-Teppiche als besonders attraktiv an. Schwärme von Jungfischen suchen Schutz unter dieser künstlichen Insel-Struktur, Beutegreifer aus der Luft und im Meer jagen die Fischschwärme, wenn sie sie aufgespürt haben. Und verfangen sich dabei in dem oft schwer sichtbaren Unterwasser-Gestrüpp. Menschen wiederum fischen offenbar gerade an diesen Müll-Inseln, denn an den Schlupfwinkeln der Kleinfischschwärme sind auch deren Verfolger wie Tunfische leichter auffindbar als im freien Wasser. Berichten zufolge werden sogar Sender eingesetzt, mit denen die treibenden Plastikanhäufungen auf ihrem Weg geortet und immer wieder befischt werden können.

Eine neue Dimension der Belastung des Pazifischen Ozeans ergab sich aus der Tsunami-Welle, die Japan im Jahr 2010 traf. Ungeheure Mengen von Objekten wurde mitgerissen und anschließend in den Nordostpazifik getragen. Inzwischen sind viele dieser Relikte an der Küste Nordamerikas angelangt und verschmutzen die Strände von Alaska bis Kalifornien. Besonders dramatisch ist die Tatsache, dass die bei diesem Ereignis aus den Reaktoren von Fukushima ausgetretenen radioaktiven Substanzen ebenfalls ins Meer gelangten.

Literatur

Hausen, J. (1957): Wir bauen eine neue Welt. Das Buch der Kunststoffe und Chemiefasern. Safari Verlag Berlin.

Meeresverschmutzung durch Müll und seine Folgen

Thomas Clemens, Eike Hartwig

Müll in unserer Meeresumwelt ist ein weltweites ökologisches, wirtschaftliches, gesundheitliches und ästhetisches Problem, das Anlass zu großer Sorge gibt.
Das Meer ist bekanntlich einer der wertvollsten Lebensräume der Erde. Dennoch wird er anhaltend als Müllkippe missbraucht. In den vergangenen Jahrzehnten hat insbesondere der Plastik- und Kunststoffmüll in einem kaum vorstellbaren Ausmaß zugenommen. Damit gefährdet der Mensch nicht nur Meeresorganismen sondern auch sich selbst.

Strandvermüllung im Bereich der südlichen Nordsee

Müll an Stränden ist der sichtbare Teil der Meeresverschmutzung, die Spitze eines Eisberges. Das Ausmaß von Strandvermüllung im Bereich der südlichen Nordsee wurde erstmals 1980 auf der Insel Scharhörn durch den Verein Jordsand erforscht und wird seit 1991 auf den Inseln Mellum und seit 1995 auf Minsener Oog durch den Mellumrat e.V. qualitativ und quantitativ untersucht.
Mellum liegt als etwa 750 ha große Düneninsel zwischen der Außenweser und Außenjade an der Spitze des Hohe-Weg-Watt. Die Insel befindet sich in der Ruhezone des Nationalparks „Niedersächsisches Wattenmeer" und unterliegt seit Jahrzehnten ausschließlich einer natürlichen Dynamik. Minsener Oog liegt ca. 6 km nordwestlich von Mellum und ist ca. 250 ha groß. Es ist eine künstliche Insel, die durch Sandaufspülungen aus dem Jadefahrwasser entstand und als Strombauwerk fungiert. Beide Inseln sind international bedeutende Brut- und Rastgebiete für See- und Küstenvögel.
Mellum und Minsener Oog werden vom Mellumrat e.V. ehrenamtlich betreut. So genannte Naturschutzwarte nehmen die Aufgaben einer „Nationalparkwacht" wahr. Sie führen das Strandmüll-Monitoring neben zahlreichen anderen Tätigkeiten durch. Beide Inseln eignen sich für systematische Müllzählungen besonders gut, da sie unbewohnt sind. Im Gegensatz zu touristisch genutzten Inseln finden hier keine Strandreinigungen statt.
Die jeweils 100 m langen Müllzählstrecken liegen auf Mellum zur Weser bzw. zur Jade und auf Minsener Oog zum Rückseitenwatt der Ostfriesischen Inseln exponierten Strandabschnitten. Die Müllerfassung erfolgt in wöchentlichem

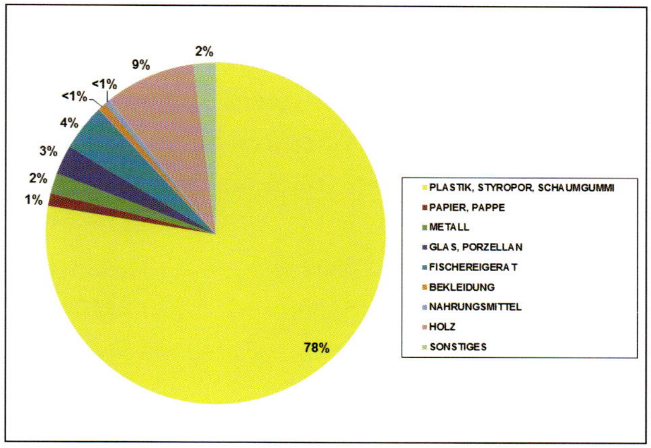

Abb. 1 Mittlere prozentuale Verteilung des Strandmülls nach Kategorien auf den Inseln Mellum und Minsener Oog in den Jahren 1991-2009, Grafik: Archiv Mellumrat.

Abstand, methodisch entsprechend den Untersuchungen auf der Insel Scharhörn an der Außenelbe durch den Verein Jordsand. Dabei wird der Müll nach Anzahl der Teile erfasst und 9 Hauptkategorien sowie 40 Unterkategorien zugeordnet.

Im Zeitraum 1991-2009 wurden auf Mellum und Minsener Oog insgesamt rd. 52 000 Müllteile gesammelt, die sich nach Kategorien wie folgt verteilen:

Auf „**Plastik, Styropor, Kunststoffe**" entfallen mit fast 40 300 Teilen rd. 78 % und damit der deutlich größte Anteil des Strandmülles. Es handelt sich vor allem um die Unterkategorien „Plastiktüten, Planen, Folien", „Schnüre" und „Sonstiges Verpackungsmaterial". Die Unterkategorie „Styropor, Schaumgummi" stellt dagegen nur einen vergleichsweise geringen Teil. Kunststoffe sind oft langlebige Materialien, deren „Lebensdauer" mit 450-600 Jahren angegeben wird. Unter den „Schnüren" befinden sich auch zunehmend solche von Luftballons. Aufs Meer hinausgeweht, gehen sie abgeschlafft auf dem Wasser nieder und gelangen, oberflächlich vom Wind verdriftet, an den Strand und gefährden hier vor allem Strandläufer und andere Zugvögel.

„**Holz**" nimmt mengenmäßig mit mehr als 4 400 Teilen (rd. 9 %) die zweite Position ein. Dabei haben innerhalb dieser Kategorie „Bäume, Äste, Faschinen" den größten Anteil, was möglicherweise auf Küstenschutzarbeiten auf den Ostfriesischen Inseln zurückzuführen ist. Eindeutig anthropogenen Ursprungs und im engeren Sinne „Müll" sind jedoch Bretter, Balken und Pfähle.

„**Fischereigerät**" – Netze, Schnüre, Auftriebskörper u. a. Fischereigerät stellen rd. 5 % (n = 2 300) des Mülls. Dabei besteht mehr als die Hälfte aus Netzresten. Netze und Schnüre werden meist stark verknotet am Strand angespült. Solche Netzhaufen und Seilbündel enthalten häufig viele Einzelteile, die aber nicht getrennt erfasst wurden. Netze und andere Reste von Fischereigerät haben besonders schädliche Auswirkungen auf zahlreiche Meeresorganis-

Abb. 2 Ein Bündel aus Netzresten, Schnüren und Tampen am Strand von Mellum, Fotos: Archiv Mellumrat.

Abb. 3 Strandmüll Insel Mellum am 23.04.2012.

Abb. 4 Müllteile von 100 m Strand auf Mellum im Zeitraum April - Juni 2012. Darunter Kanister mit hochgiftigen Flüssigkeiten und Glasflaschen und Scherben, die in einem Netz (Muschelaufzucht) deponiert wurden.

men (s. u.). Vor allem Netz- und Taureste sind eine häufige Todesursache und eine ständige Bedrohung für zahlreiche Wat- und Wasservögel, wie Totfunde am Strand der Inseln Mellum und Minsener Oog belegen.

Fasst man aufgrund der Materialeigenschaften die Kategorien „Plastik, Styropor, Schaumgummi" und „Fischereigerät" zusammen, ergibt sich für 1991-2002 ein Anteil von 83 % Kunststoffmüll am Gesamtaufkommen des Strandmülls auf Mellum und Minsener Oog.

„Glas, Porzellan" hat mit 3 % einen relativ geringen Anteil am Gesamtmüllaufkommen. Dennoch wurden im Untersuchungszeitraum mehr als 1 400 Teile gesammelt. Glasflaschen und Gläser sind möglicherweise im Strandmüll unterrepräsentiert, da offene Behältnisse häufig bereits auf den Meeresboden abgesunken sein dürften. Über Auswirkungen von „Flaschen" und „Glasresten" auf die marine Umwelt ist relativ wenig bekannt. Es wurden in der Vergangenheit jedoch Fische gefunden, die sich in einer einseitig offenen Neonröhre gefangen hatten. Seehunde können sich beim „Robben" auf dem Strand ebenso wie barfuß laufende Touristen an Glasresten verletzen.

Müllbestandteile aus Glas sind vor allem in Winterspülsäumen zu finden. Dies wurde unter anderem nach einem Brandereignis im Juni 2009 auf der Insel Mellum deutlich, als das Feuer zahlreiche Flaschen, Gläser, Glühbirnen und Leuchtstoffröhren im verbrannten Winterspülsaum freilegte.

Jährlich werden auch etwa 20 Flaschenposten auf Mellum und Minsener Oog gefunden. Besonders interessant und aufschlussreich ist eine Flaschenpost aus Frankreich. Sie wurde von Schülern des wissenschaftlich-technischen Kollegs „Guillaume FOUACE" im Juni 1999 an der Kanalküste nahe Cherbourg ins Meer geworfen und im November 1999 auf Mellum wiedergefunden. Damit wollten die französischen Schüler erforschen, welchen Weg und welches Ziel einige der Abfälle haben, die ins Meer geworfen werden und die Strände verschmutzen. Diese Flaschenpost beweist, dass Müll von der Kanalküste bis an unsere Strände driften kann. Andere Flaschenposten stammen z. B. aus Schottland und verdrifteten mit dem Tidenstrom entgegen dem Uhrzeigersinn innerhalb der Nordsee.

„Metall" stellt einen Anteil von 2 % des Strandmülls, darunter eine relativ große Anzahl verrosteter Munitionsreste. Im Zeitraum 1991-2002 wurden 92 Getränkedosen gefunden; 2004-2009 waren es nur noch 16 Dosen. Das könnte mit der Regelung des Dosenpfandes seit Januar 2003 in Zusammenhang stehen.

Der Anteil „Kanister“ ist sowohl innerhalb der Kategorie „Metall“ als auch der von „Plastik…“ relativ gering. Im Zeitraum 2004-2009 wurden lediglich 3 Metall- und 37 Kunststoffkanister gefunden. Es muss aber darauf hingewiesen werden, dass Kanister Flüssigkeiten wie Öl oder Lösungsmittel enthalten können, von denen eine nicht zu vernachlässigende Gefährdung der Umwelt ausgeht.

Auf „**Sonstiges**“ entfallen ebenfalls 2 % des Strandmüllaufkommens. Es handelt sich dabei um Strandfunde, die keiner der anderen 8 Hauptkategorien zugeordnet werden konnten, z. B. Tabletten, Malerzubehör, Teppichreste, Ziegelsteine oder Wachs.

Die Kategorien „**Papier, Pappe**“, „**Bekleidung**“, „**Nahrungsmittel**“ sind am Strandmüll nur mit einem Anteil von 1 % bzw. unter 1 % am Strandmüll beteiligt. Das kann bei Papier/Pappe und Nahrungsmitteln u. a. auf die relativ kurze Abbauzeit der zuvor im Meer treibenden Produkte zurückzuführen sein.

Strandmüll in der Wattenmeerregion

Auskunft über die Verhältnisse an unseren Küsten des Wattenmeeres von den Niederlanden bis Dänemark geben Müllerfassungen im Rahmen eines „OSPAR Beached Litter Monitoring Program“. Die Zusammensetzung des Strandmülls von 2002-2008 an fünf Stationen in der Wattenmeerregion im OSPAR-Projekt zeigt, dass Plastik Dreiviertel der gefundenen Bestandteile ausmacht. Darunter sind am häufigsten Taue, Schnüre und Netze und Fragmente davon. Die übrigen Anteile liegen unter 10 %. Eine Aufsammlung auf der niederländischen Insel Texel von April 2005 wies Plastik mit 56 % als Hauptbestandteil aus. Aus den Ergebnissen des OSPAR-Projektes lassen sich keine allgemeinen Trends für die Menge des an den Stränden des Nordost-Atlantiks angespülten Mülls feststellen. Die Quellen der Verschmutzung an den Stränden der Wattenmeerregion sind insbesondere kommerzielle Schifffahrt, Fischereiindustrie und Offshoreinstallationen. Dabei ist Müll am Strand nur die „sichtbare Spitze eines Eisbergs“ dieser Art der Meeresverschmutzung.

Abb. 5 „Ein vielfältiges Angebot“ – Müllteile vom Strand der Inseln Mellum und Minsener Oog, Fotos: Archiv Mellumrat.

Es wird geschätzt, dass sich bis zu 70 % der Abfälle, die in der Nordsee landen, am Meeresboden absetzen. Studien geben einen Durchschnitt von 110 Müllteilen pro km an. Auf die gesamte Nordsee extrapoliert, wären demnach insgesamt 600 000 m^3 Müll am Meeresboden vorhanden. Das Ausmaß der Verschmutzung wurde u. a. durch Untersuchungen in Niederländischen Gewässern deutlich. Beim „Fishing for Litter“ wurden zwischen 2000 und 2006 insgesamt 500 Tonnen Abfälle gesammelt, darunter LKW-Reifen, Kühlschränke, große Baumstämme, Verpackungsmaterial, verlorene Schiffsladungen, Fischereigerät und Seile.

Meeresverschmutzung durch Müll – ein globales Problem

Von Strandvermüllung ist weltweit keine Küste ausgenommen, selbst entlegenste Meeresregionen ohne Industrie oder dichte menschliche Besiedlung sowie unter der Eisdecke in Regionen oberhalb des Polarkreises. Als Ursachen werden von den Vereinten Nationen vor allem schlechte Praktiken der Abfallwirtschaft, unzureichendes Verständnis von Seiten der Öffentlichkeit über die Folgen ihres Handelns und ein Mangel an finanziellen Ressourcen angegeben.

Abb. 6 Müllverschmutzung an der Mündung des Arno bei Livorno, Italien, am 27.10.2002, Foto: Clemens.

Abb. 7 Zusammengespülter Strandmüll an der dänischen Nordseeküste südlich von Hanstholm am 10.03.2008.

Plastik und andere synthetische Materialien sind die Hauptanteile des Meeresmülls, was sich an den Zusammensetzungen des Mülls bei regionalen Erfassungen zeigt. So machten diese Materialien 98 % des Gesamtmülls im nordpazifischen Meeresstrudel, „North Pacific Central Gyre", aus.

Dieser hohe Anteil an Plastik und anderen Kunststoffen an Küsten, Stränden und auf dem Meer ist das Ergebnis einer großen und zunehmenden Produktion von Artikeln unseres täglichen Bedarfs. So lag die weltweite Produktion an Plastik im Jahr 1950 bei 0,5 Millionen Tonnen pro Jahr, in 1970 bei 30 Millionen und in den späten 1980ern 85 Millionen Tonnen pro Jahr. Im Jahr 2007 lag die Pastikproduktion bei 260 Millionen Tonnen und für 2010 wurde ein Überschreiten der 300 Millionen Tonnen-Marke vorhergesagt. Allein im Mittelmeer treiben derzeit rd. 250 Milliarden Kunststoffteilchen mit einem Gesamtgewicht von 500 t.

Nach einem Bericht des Umweltprogramms der Vereinten Nationen gehören zu den wichtigsten landseitigen Quellen des Mülls im Meer und an

Küsten u. a. Abfälle aus Mülldeponien an der Küste oder von Flussufern, industriellen Abwasserkanälen, Flusseinträgen, ungeklärte Abwässer aus Kläranlagen, von vermüllten Stränden und küstennahen Erholungsgebieten, Tourismus und Freizeitnutzung, Aktivitäten der Fischereiwirtschaft sowie Schiffabwrackwerften. Zu den wichtigsten seeseitigen Quellen des Mülls zählen die Schifffahrt mit ihren Handels-, Freizeit-, Marine-, Fischerei- und Forschungsschiffen, Offshore-Bergbauaktivitäten von Schiffen und Gas- und Ölplattformen, das legale oder illegale Verklappen im Meer sowie verlorene, aufgegebene oder anderweitig entsorgte Fanggeräte.

Dass viele dieser ins Meer und an die Küsten gelangten Materialien nicht sofort verrotten oder abgebaut werden, sondern lange in der Umwelt verbleiben können, ist seit langem bekannt und dokumentiert. So können Metallgegenstände bis zu 200 Jahre in der Umwelt verbleiben und Plastikkomponenten brauchen bis zu 600 Jahre bis zur Zersetzung, Glasflaschen können sogar bis zu einer Million Jahre benötigen.

Besonders besorgniserregend ist der Nachweis, dass große Müllstrudel in den verschiedenen Regionen der Ozeane existieren. Diesen kreisenden Müllansammlungen liegen großräumig Systeme rotierender Meeresströmungen, so genannte „Wirbel/Gyre“, verbunden mit starken Windbewegungen, zugrunde. In diesen Regionen wird der Müll besonders konzentriert und kann sich aufgrund der Strömung nicht oder nur über große Zeiträume daraus lösen. Bisher sind solche rotierenden Müllfelder im Nord- und Südpazifik, im Indischen Ozean und neuerdings auch im Atlantik erfasst worden.

Die Müllstrudel im Nord- und Südpazifik („North Pacific Central Gyre“ und „South Pacific Subtropical Gyre“) sind seit längerem bekannt. Die größte Dichte, die hier an Plastik gefunden wurde, lag bei 334 271 Teilen pro km^2. Dass diese Partikel nicht nur Meerestieren hoher trophischer Stufen (u. a. Seevögel und Meeressäuger) zum Verhängnis werden können, zeigt eine erste Untersuchung der Magenanalysen bei Plankton fressenden Fischen niederer trophischer Ebene mit im Mittel 2,1 Teilen im Magen.

Der Nachweis eines Müllstrudels im Nord-Atlantik erfolgte erst in jüngster Zeit. Hier befindet sich eine riesige Fläche von Plastikmüll, die ihre größte Dichte mit bis zu 200 000 Partikeln pro km^2 nördlich der karibischen Inseln hat. Diese Mengen an Kunststoffteilen lassen sich größenordnungsmäßig mit jenen des Pazifiks vergleichen.

Die Müllsituation an den Meeresküsten lässt sich exemplarisch an einer Auswahl von Regionen beschreiben. – Die ozeanischen Inseln des südlichen Ozeans und der Antarktis sind allgemein von Menschen unbewohnt und können zu den abgelegendsten Küsten der Welt gerechnet werden, jedoch wird von Müll berichtet, der Dichten bis zu 2,49 Teile/m erreichen kann. Dabei handelt es sich am häufigsten um Plastikflaschen und Behälter sowie Netzfragmente. – Für Küsten in oder nahe der USA werden mittlere Dichten für Strandmüll von 262 Teilen/km auf Hawaii, 814 Teile/km in Kalifornien sowie 1 712 Teile und 8 000 Teile/km in Texas und Mexiko angegeben. Der große Schiffsverkehr bei den beiden letzten Angaben mag hier eine Rolle spielen. – Strandmüllerfassungen im

Mittelmeerraum ergaben Werte zwischen 6,4 und 231 Teile/m, wobei Plastik bis zu 75 % der Menge ausmachte. Die Werte von gestrandetem Müll im Mittelmeer werden als signifikant höher angesehen als in anderen Regionen gleicher Breite.

Auswirkungen auf Seevögel, Robben, Wale und andere Tiere

Die Hauptbelastungen durch Müll und besonders Plastik für die Tierwelt sind Aufnahme von Bestandteilen des Mülls und Verwicklung („Entanglement") in Resten von Fischereigerät. Beispielsweise befanden sich unter 215 347 mehr oder weniger vollständigen Vogelkadavern, die in den Jahren 1970-2007 an der Nordseeküste gesammelt wurden, 513 in Müll oder Fischereigerät verwickelte Vögel. Die häufigsten Opfer waren Basstölpel, Silbermöwe, Mantelmöwe, Kormoran und Sterntaucher.

Seevögel bauen auch verschiedenfarbige Netzreste, Schnüre und Plastikfolien in ihre Nester ein und kommen durch Verstrickung darin um. So enthielten 58 % der Nester einer Dreizehenmöwenkolonie an der Dänischen Nordküste entsprechende Müllreste. Im See-

Abb. 8 Basstölpel verwenden zunehmend Kunststoffnetze anstelle von problemlosen Meeresalgen. Ein Qualvoller Tod durch Ersticken oder Verhungern ist die Folge, Foto: Kruckenberg.

Abb. 9 Kein Nest ohne Nestreste. Verstrickte und erhängte Basstölpel im Helgoländer Seevogelfelsen, Foto: Kruckenberg.

vogelfelsen der Insel Helgoland enthält jedes Nest der Baßtölpel Netzreste und Schnüre. Tote Baßtölpel und auch Trottellummen hängen in den Müllteilen verfangen in den Klippen.

Seehunde und andere Robben, aber auch Kalifornische Seelöwen, nördliche Seeelefanten und Wale sind als Opfer von Verstrickungen in Müllteilen und Netzen bekannt. Wale u. a. Meeressäuger ertrinken in Netzen, erdrosseln sich beim Nachziehen von Schnüren oder sterben, weil sie durch Müllteile an der Nahrungsaufnahme gehindert werden. In diesem Zusammenhang ist auf die so genannten Geisternetze zu verweisen. Fischereigerät, das versehentlich oder absichtlich über Bord gegangen ist, driftet fängig in den Ozeanen. In ihnen fallen insbesondere Fische, darunter auch Haie und bedrohte Arten zum Opfer. Für sechs von sieben Arten Meeres-

Abb. 10 Ob Schweinswal, Taschenkrebs oder Seevögel – Verstrickung in Netzresten und Schnüren ist die Todesursache, Fotos: Archiv Mellumrat.

schildkröten ist bekannt, dass sie sich in Leinen und Fischnetze verstricken und Plastikmüll und andere menschliche Aktivitäten weltweit einen großen Einfluss auf diese Arten haben.

Nachgewiesen ist auch die direkte Aufnahme und das Verschlucken von Plastikmüll durch Vögel, Säugetiere, Schildkröten und Fischen. Dabei kann es sich um eine zufällige Aufnahme handeln, in der Regel handelt es sich aber um eine Verwechselung mit Nahrung. Beispielsweise wurden 251 verendete Laysan-Albatros-Küken auf dem Midway Atoll untersucht, von denen nur sechs keine Kunstofffragmente im Magen hatten. Die Altvögel hatten Müllteile mit Nahrung verwechselt und diese an ihre Küken verfüttert. Darunter fanden sich Styropor, Perlen, Angelleinen, Knöpfe, Einwegfeuerzeuge, Spielzeug, PVC-Rohr und andere PVC-Fragmente. Auch andere Vogelarten, die ihre Nahrung von der Meeresoberfläche sammeln, sind von an der Wasseroberfläche treibenden Müllteilen gefährdet. So wurde aufgrund von Magenuntersuchungen an, tot an Stränden der Nordsee gefundenen Eissturmvögeln ermittelt,

Abb. 11 Mageninhalt eines Eissturmvogels rechts im Bild; linke Menge auf den Menschen hochgerechnet.

dass die Plastikmenge in den Mägen im Durchschnitt bei ca. 32 Partikeln bzw. 0,3 g Plastik pro Magen liegt. Eissturmvögel sind damit ein Indikator für die Müllbelastung in der Nordsee.

Mikroplastik – eine Bedrohung der besonderen Art

Plastik- und andere Kunststoffe enthalten Zusatzstoffe (Additive), z. B. Weichmacher, Flammschutzmittel, Antioxidantien, UV-Schutzmittel und das sehr giftige Element Antimon. Nur von 3 000 von insgesamt 80 000 chemischen Zusatzstoffen ist ihre Wirkung auf den Menschen und die Umwelt bekannt. Diese Zusatzstoffe gelangen mit dem Plastik ins Meer.

Mikroplastik entsteht durch Zerkleinerung größerer Teile, kommt aber auch in pelletierter Form als Ausgangsprodukt für die Industrie vor und gelangt als Fasern über Kläranlagen und Flüsse ins Meer. Bei der Wäsche können pro Kleidungsstück mehr als 1900 Fasern aus Polyester- oder Polyacryl-Polymeren freigesetzt werden. Daneben ist Mikroplastik auch in einer ganzen Reihe von Kosmetika enthalten. Phthalate, Moschus- und andere im Plastik eingesetzte synthetische Verbindungen haben eine hormonähnliche Wirkung oder wirken anderweitig schädlich auf Organismen.

Aufgrund der großen Oberfläche von Mikroplastik werden nicht nur giftige Inhaltsstoffe in die Meeresumwelt freigesetzt. Mikroplastik funktioniert auch wie eine Art „chemischer Schwamm“, d. h. es kann sich mit den giftigsten Schadstoffen des Meeres, wie Persistente Organische Schafstoffe (POPs) anreichern. Dazu zählen DDT, PCBs u. a. chlorierte Verbindungen. Vom Mikroplastik absorbiert werden auch Schwermetalle wie Chrom, Kobalt, Nickel, Kupfer, Zink, Cadmium und Blei. Wenn diese „Schwämme“ durch die marine Fauna aufgenommen werden, können sie für deren Vergiftung sorgen oder gelangen über die Nahrungskette in Meeressäuger, Seevögel und den Menschen.

Die Aufnahme von Mikroplastik wurde u. a. für Stachelhäuter, Weichtiere, Gliederwürmer und Gliederfüßer nachgewiesen. Fische nehmen Mikroplastik direkt oder über die Nahrung auf. Auch im Kot von Seevögeln, Seehunden und Kegelrobben ist Mikroplastik gefunden worden. Mikroplastik kommt vermutlich weltweit an allen Stränden und in Meeresgebiet vor und

Abb. 12 Fischkiste mit Müll-Strandfunden auf der Insel Mellum. Feuerzeuge, Schnuller, Kinderschaufeln, deutsche Plastikflaschen, niederländisches Kräutersalz, Tsatsiki aus Skandinavien, Haarshampo aus England und ein Sprayflasche mit kyrillischer Aufschrift, Fotos: Archiv Mellumrat.

wurde 2010/2012 auch im Niedersächsischen Wattenmeer auf den Ostfriesischen Inseln im Bereich des Jadebusens sowie auf Mellum und Minsener Oog gefunden.

Ausblick

Die Beseitigung oder Reparatur von Schäden durch Verschmutzung der Meere und Küsten bindet beträchtliche Mittel öffentlicher Haushalte. So können für das Reinigen von Stränden jährlich Millionen von Euro ausgegeben werden. So betrugen die Gesamtkosten der Entfernung von Strandmüll von 28 Küstengemeinden in Großbritannien 3 893 209,93 EUR mit einem Mittel von jährlich 139 043,21 EUR pro Gemeinde. Welche Lösungen kann es für das Problem der Vermüllung der Meere und Küsten geben? Konventionen und Verordnungen auf lokaler, nationaler, regionaler und internationaler Ebene gibt es ausreichend. Hierzu zählt insbesondere das Protokoll der Internationalen Seeschifffahrtsorganisation (IMO) der Vereinten Nationen zur Vermeidung und Verringerung der Umweltverschmutzung durch Schiffe (Marpol 73/78). Die Wirksamkeit dieser Verordnungen und Konventionen muss schärfer überwacht und gegebenenfalls auch stärker sanktioniert werden. Zum anderen muss ein Umdenken in den Gesellschaften zum Verbrauch und Gebrauch der die Umwelt gefährdenden Kunststoffe erfolgen. Stoffliche Wiederverwertung und Energierückgewinnung sowie nachhaltiger Umgang mit diesen Stoffen sind die Stichworte. Weiterhin kann die Verwendung von Polymeren, die sich schneller abbauen als konventionelles Plastik eine weitere Möglichkeit zur Lösung sein. Im

Verbrauch der die Tierwelt gefährdeten Plastiktüten ist schon ein Umdenken zu erkennen. Vor 50 Jahren waren Einweg-Plastiktüten praktisch unbekannt. Heute sind sie ein fester Bestandteil unserer Konsum- und Wegwerfgesellschaft. Nach EU-Angaben betrug im Jahr 2008 das Gesamtvolumen der Produktion von Kunststoff-Tragetaschen 3,4 Mio. t. Damit entfiel auf jeden EU-Bürger ein jährlicher Verbrauch von etwa 500 Beuteln pro Person. Bei einer im Jahre 2012 von der EU-Kommission durchgeführten Online-Befragung sprach sich eine überwältigende Mehrheit für ein Verbot von Plastiktragetaschen aus. Italien und die Großstadt San Francisco hat sie bereits aus den Supermärkten verbannt. Nur Stoff- und Papiertüten oder biologisch abbaubare Produkte dürfen verwendet werden. – Auf gar keinen Fall darf die Müllverschmutzung zu einem akzeptierten, obwohl unansehnlichen Merkmal der Meeres- und Küstenökosysteme werden.

„Einträge von Abfällen ins Meer“ wird in der EG Meeresstrategie-Rahmenrichtlinie (MSRL) als einer der Deskriptoren benannt, nach denen ein „Guter Zustand“ der Meere charakterisiert werden soll. Bei der Umsetzung unter Federführung des Umweltbundesamtes wird man sich hinsichtlich der Strandvermüllung vermutlich auf die Daten des OSPAR-Projektes stützen. Die Strandmülluntersuchungen in ausgewählten Gebieten, wie den Inseln Mellum und Minsener Oog können eine zweckmäßige Ergänzung der OSPAR-Datenerhebung sein. Zusätzlich werden Untersuchungen zur Müllbelastung an der Meeresoberfläche, im Wasserkörper und am bzw. im Meeresboden befindlicher Müll durchgeführt. Untersuchungen zum Ausmaß und der Wirkung von Mikroplastik wurden erst in den letzten Jahren begonnen. „Fishing for Litter“ ist eines der geplanten Programme, mit dem Meeresmüll aus der marinen Umwelt entfernt werden soll.

Literatur

CAMPHUYSEN, C. J. (2008): Verstrikkingen van zeevogels in zwerfvuil en vistuig, 1970-2007 (Entanglement of seabirds in marine litter and fishing gear, 1970-2007). Sula 21/2, S. 88-92.

CLEMENS, T., HARTWIG, E. & L. STEINBUSCH (2011): Zur Strandmüllbelastung der Inseln Mellum und Minsener Oog (südliche Nordsee) in den Jahren 2004-2009. Natur- und Umweltschutz (Ztschr. Mellumrat) 10/1, S. 20-28.

HAMMER, J., KRAAK, M. H. S. PARSONS, J. R. WHITACRE, D. M. NIGG H. N. & DOERGE D. R. (2012): Plastics in the Marine Environment: The Dark Side of a Modern Gift. Reviews of Environmental Contamination and Toxicology 200, S. 1-44.

LIEBEZEIT, G. (2012): Mikroplastik – Quellen, Umweltaspekte und Daten zum Vorkommen im Niedersächsischen Wattenmeer. Natur- und Umweltschutz. (Ztschr. Mellumrat) 10/1, S. 21-31.

UNEP (2009): Marine litter. A global challenge. – Nairobi, United Nations Environmental Programme, 232 pp.

Aquakultur

Uwe Waller

Die Fischerei hat über Jahrhunderte die Menschen ausreichend versorgt. Die Ökosysteme der Flüsse, Seen und insbesondere die der Ozeane produzierten Nahrung in einer Fülle, dass das Füllhorn schier unerschöpflich erschien. Die Situation hat sich heute drastisch verändert. Der Fischereiertrag stagniert. Die Ozeane, Hauptproduzenten für die Fischerei, können nicht mehr mit dem Wachstum der Weltbevölkerung mithalten. Die Fischerei kann den Bedarf der Weltbevölkerung nicht mehr decken, stellt die FAO, die Welternährungsorganisation der Vereinten Nationen, zum wiederholten Mal in ihrem aktuellen Bericht zum Stand der Fischerei und Aquakultur fest.

Die Weltbevölkerung aber wächst weiter. Die Sicherstellung unserer Ernährung ist eine globale Aufgabe, für die neue Konzepte erarbeitet und geprüft werden müssen, bevor Veränderungen eintreten, die die Versorgung grundsätzlich in Frage stellen. Unsere biologischen Systeme sind empfindlich und anfällig gegenüber Störungen und erfordern das Vorsorgeprinzip. Ein warnendes Beispiel ist die Fischerei, die heute die Versorgung der Weltbevölkerung nicht mehr sichern kann. Eine Erhöhung der Anlandungen aus der Fischerei scheint nach Expertenmeinung nicht in Aussicht, selbst wenn Konzepte, wie das des maximalen Dauerertrags, in der Fischerei durchgesetzt werden könnten. Das Konzept des maximalen Dauerertrags setzt eine Überschussproduktion in befischten Beständen voraus, die sicher von der Fischerei genutzt werden kann. Unabdingbare Voraussetzung ist ein adaptives Fischereimanagement, das die Variabilität der Produktion in Ökosystemen berücksichtigt. Hier liegen die Hauptprobleme, wie die Fischereiwissenschaft seit Jahren immer wieder aufzeigt.

In dieser Situation ist die Entwicklung der Aquakultur einerseits naheliegend, andererseits entstehen Erwartungen, die nicht ohne weiteres zu erfüllen sein werden. Konventionelle Verfahren der Aquakultur sind gegenüber Ökosystemen nicht abgeschlossen. Teiche und Netzkäfige, die zwei bekanntesten Verfahren, interferieren mit den natürlichen Stoffströmen und interagieren mit den Arten und Ökoystemen. Eine Entwicklung der Aquakultur basierend auf konventionellen Verfahren würde zu ökologischen Desastern führen. Diese würden auch auf die natürliche Produktivität der aquatischen Systeme, also letztendlich auf den potentiellen Fischereiertrag, zurückkoppeln.

Die Erwartungen an die Aquakultur scheinen in Zukunft einer zu einfachen Arithmetik zu folgen. Die Fischereierträge stagnieren seit den 1990er-Jahren, womit sich mit der wachsenden Weltbevölkerung von Jahr zu Jahr ein größeres Versorgungsdefizit ergibt. Die Aquakultur trägt in zunehmendem Maß zur Versorgung der Weltbevölkerung bei (Abb. 1). Nach der FAO Statistik landete die Fischerei im Jahr 2009 insgesamt 89 Millionen Tonnen Fische, Krebs- und Weichtiere an. Die Aquakultur produzierte in demselben Jahr 56 Millionen Tonnen, sodass pro Kopf der Weltbevölkerung 21 kg Fische, Krebs- und Weichtiere aus Fischerei und Aquakultur zur Verfügung standen. Schreibt man diese Versorgungsmenge fort, ergeben sich bei weiter-

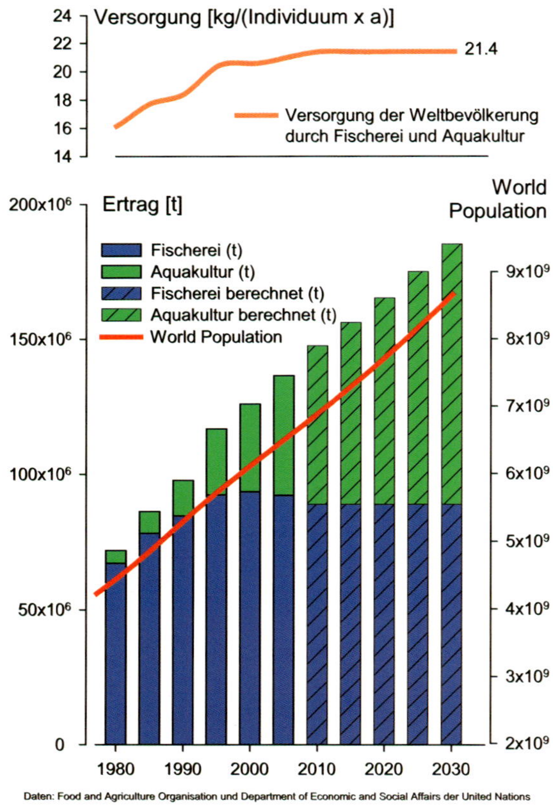

Abb. 1 Das Wachstum der Weltbevölkerung und die Versorgung mit Fischen, Krebs- und Weichtieren aus der Fischerei und aus der Aquakultur. Die obere Grafik zeigt die globale Versorgung.

hin konstant 89 Millionen Tonnen Erträgen aus der Fischerei jährlich zunehmende Erträge für die Aquakultur, um die wachsende Weltbevölkerung zu versorgen. Demnach muss im Jahr 2026 die Aquakultur ebenso viel produzieren wie die Fischerei aus den Flüssen, Seen und Meeren anlanden kann. Eine Aufgabe mit großen Herausforderungen.

Die europäischen Gewässer gehörten zu den ertragreichsten Fanggebieten der Weltmeere. Die unzureichende Kontrolle der Fischerei und die Subventionierung der Fischereiflotte haben Schäden in Ökosystemen, an den Arten und in ganzen Meeresregionen hinterlassen. Die Flottenkapazitäten sind zu groß, wird seitens der Europäischen Kommission festgestellt. Es wird vermutet, dass die Fangkapazitäten zwei- bis dreimal über der liegen, die eine nachhaltige Nutzung ermöglichen würden. Europa hat in den zurückliegenden Jahren die Flottengröße reduziert. Die Flottenstärke nahm in den letzten 10 Jahren um 18 % ab. In anderen Regionen, aus denen Europa Fischerei- und Aquakulturprodukte importiert, wurde dagegen die Flotte weiter vergrößert. In Abb. 2 ist beispielhaft China dargestellt. Es ist unwahrscheinlich, dass die Flottenvergrößerung in der heutigen Situation nachhaltige Fischerei unterstützt und die Importe nach Europa sichern kann.

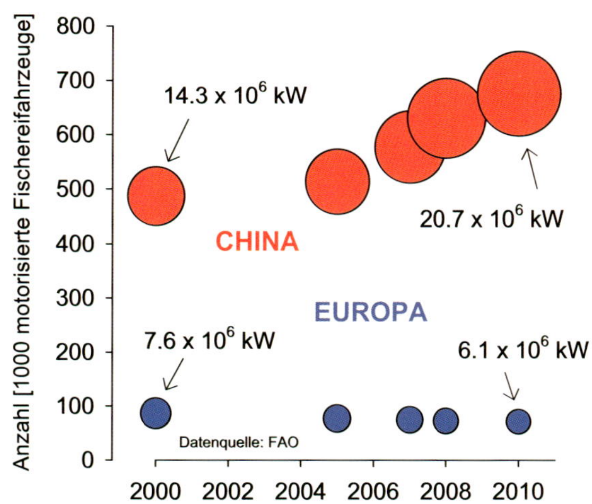

Abb. 2 Die Entwicklung der motorisierten Fischereiflotte in Europa (EU15) und China. Die Mittelpunkte der Kreise geben die Anzahl der Fischereifahrzeuge an. Der Durchmesser der Kreise entspricht der Motorenleistung aller Fischereifahrzeuge in Kilowatt (kW).

Zusätzlicher Druck entsteht auf Meeresökosysteme und damit auf die von uns genutzten Meeresorganismen durch die globalen Veränderungen. Die Diskussion um die Ursache kann nicht darüber hinwegtäuschen, dass der Wandel messbar ist und sich Tier- und Pflanzengemeinschaften an Land und in den Ozeanen verändern. Wir müssen davon ausgehen, dass die Reaktionsfähigkeit der natürlichen Bestände, die von der Fischerei genutzt werden, durch die fischereilich bedingte Reduktion der Bestandsgrößen heute eingeschränkt ist. Die Versorgungssicherheit mit Produkten aus der Fischerei ist also mit hohen Risiken behaftet.

Die Forderung der Europäischen Kommission nach einer geringeren Befischung von Beständen, um in Zukunft wieder den höchstmöglichen Fischereidauerertrag zu erreichen, ist in dem notwendigen Maß praktisch nicht umsetzbar. Fehlmengen müssten schon heute durch Aquakultur ausgeglichen werden und die nachhaltige Entwicklung der Aquakultur, auch im kleinen Maßstab, muss unterstützt werden, sind die Forderungen der Europäischen Kommission. Nach den Zahlen der Europäischen Kommission stehen einem Verbrauch von rund 11,5 Millionen Tonnen Fischerei- und Aquakulturerzeugnissen eine Anlandungsmenge aus der EU-Fischerei von 5,1 Millionen Tonnen (EU27) und eine Produktion der EU-Aquakultur von 1,3 Millionen Tonnen (EU27) gegenüber. Importe sichern zur Hälfte die Versorgung in der Europäischen Union.

Mit dem Blick auf die Versorgungslage wird deutlich, wie wichtig die Entwicklung einer nachhaltigen Aquakultur in Deutschland ist. Die Binnenfischerei in Deutschland zeigt konstante Anlandungen. Sie scheint an der Grenze ihrer Kapazität, liefert aber einen kontinuierlichen Beitrag um die 40 Tausend Tonnen im Jahr. Die Anlandungen aus unseren typischen Fanggebieten der Seefischerei zeigen dagegen einen abnehmenden Trend. Das Defizit wird zu einem Teil mit Anlandungen aus fremden Fischereigebieten ausgeglichen, die, wie die Daten in Abb. 3 zeigen, nicht unbedingt dauerhaft befischt werden können. Der Spiegel meldete unter der Schlagzeile «Europa kauft die Meere leer», dass die europäischen Trawler die Fanggründe vor der Küste Afrikas «plündern». In 2012 kam mehr als die Hälfte der Fischereianlandungen der deutschen Flotte aus ausländischen Gewässern, mehr als ein Zehntel aus Mauretanien. Das Magazin Focus rechnete 2011 nach, dass ab April der Fisch auf unseren Tellern für den Rest des Jahres aus anderen Ländern importiert werden muss. Das erscheint bei gegebener Versorgungslage optimistisch.

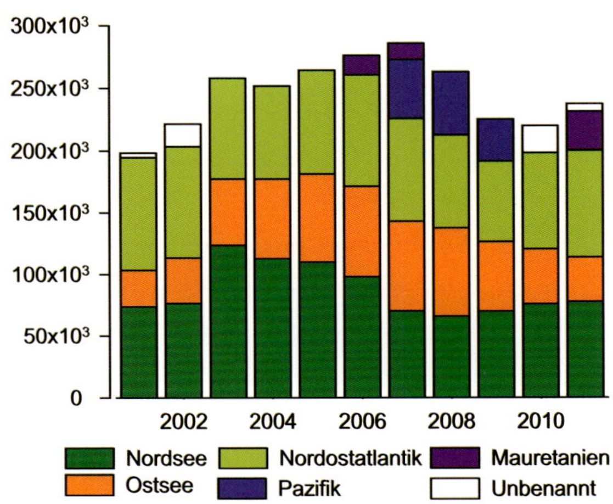

Abb. 3 Die Erträge der deutschen Seefischerei.

Fischereiprodukte werden auf dem deutschen Markt knapp, aber nachgefragt sein. Insbesondere die aus der Seefischerei. Die Eigenversorgung in Deutschland betrug mit Produkten aus der Seefischerei, Binnenfischerei und Aquakultur im Jahr 2011 gerade noch 12 %. Es ist anzunehmen, dass insbesondere die geringe eigene Versorgung aus der Seefischerei zu deutlichen Engpässen im Bereich der Frischprodukte führen wird. Frischwaren werden deshalb in erheblichem Umfang und über lange Transportwege importiert. Dieser Lebensmittelsektor könnte in Deutschland durch Aquakultur nachhaltig versorgt werden. Da vorwiegend marine Fische, Krebs- und Weichtiere fehlen, ist die Entwicklung einer nachhaltigen Meeres-Aquakultur, der Marikultur, notwendig.
Der Ausweg Aquakultur erscheint zunächst folgerichtig. Ein Lösungsweg, die Intensivierung der Aquakultur wie in Abb. 1 angedeutet, erscheint einfach, betrachtet aber die Situation aus einem Blickwinkel, der unberücksichtigt lässt, dass Fische, Krebs- und Weichtiere in den natürlichen Systemen Teil der globalen Kreisläufe sind, die sich im Verlauf der Evolution entwickeln und an die verfügbaren Ressourcen anpassen. Die Produktion in natürlichen Systemen unterliegt einer kontinuierlichen, dynamischen Anpassung und ist systembedingt nachhaltig. Aufgrund der von der Wirtschaft forcierten, zunehmenden Intensivierung fehlt der Aquakultur dieses Gleichgewicht. Konventionelle Aquakultur produziert in kleinen, künstlichen Lebensräumen; sie ist, wie viele Produktionsverfahren, eine Punktquelle, die Belastungen in die Umwelt abgibt. Ein Ausbau der Aquakultur erfordert moderne Bioverfahrenstechnik, die Aquakulturen von der Umwelt entkoppelt.

Gefahren drohen der Aquakultur aber auch von anderer Seite. Extreme meteorologische und hydrologische Ereignisse (Sturm, Wellen, Sturmfluten), industrielle (Ölunfälle, Kernreaktorunfälle) oder biogene Gefahren (Krankheitserreger, giftige Planktonblüten, gelatinöses Plankton) können in den konventionellen Verfahren der Aquakultur weder konstruktiv noch prozesstechnisch beherrscht werden. Die Ursache biogener Gefahren ist auch auf den Umwelteinfluss von Aquakulturen zurückzuführen. Nährstoffeinträge zum Beispiel führen zu erhöhter Produktivität und durch den Abbau der Biomassen durch Mikroorganismen zu Sauerstoffmangel im betroffenen Gebiet.
Aquakultur entlang der deutschen Küsten ist aus den Gegebenheiten heraus nicht einfach und wäre aus ökologischen Erwägungen auch nicht sinnvoll. Die Schwierigkeiten liegen nicht nur in Interessenskonflikten mit anderen Nutzern des Küstenraums. Die notwendige Ausweitung von Meeresschutzgebieten zur Stützung der Rekrutierung natürlicher Fisch, Krebs- und Weichtierbestände schließt Aquakultur an vielen Standorten aus.
Nach der stürmischen Entwicklung der Aquakultur, bei der Aspekte der Nachhaltigkeit oft vernachlässigt wurden, steht die Aquakultur heute vor einem Paradigmenwechsel: Ressourcenverbrauch und Umweltgefahren können technisch beherrscht werden. Moderne, kreislaufgeführte Verfahren der Aquakultur, der Fluid-Kreislauf, der in langjähriger Forschung- und Entwicklung mit der Erwin Sander Elektroapparatebau GmbH entwickelt wurde, ermöglichen heute eine Entkoppelung der Produktion von der Umwelt. Kreisläufe sind aus wirtschaftlichen und umwelt-

rechtlichen Gründen heute Stand der Technik in vielen unterschiedlichen Produktionsprozessen. Die Biotechnik des Fluid-Kreislaufs wird in der Aquakultur zu folgenden Zielen beitragen:

- Umweltschutz durch Entkoppelung von der Umwelt.
- Verbraucherschutz durch Vermeidung von Kontamination und Produktionstransparenz (Nachverfolgbarkeit).
- Lebensmittelsicherheit durch kontrollierte und überprüfbare Produktionsabläufe.
- Produktionssicherheit durch optimal an die Biologie angepasste Verfahren und Vermeidung von Umweltgefahren.
- Breites Artenspektrum durch frei wählbare Einstellung der Umweltbedingungen.
- Nachhaltigkeit und Wirtschaftlichkeit durch Stoffverwertung und Energierecycling.
- Ressourcenschutz durch Reduktion des Flächenbedarfs, des Wasserverbrauchs und durch den effizienten Einsatz von Futtermitteln.

Neue Biotechniken, die Kombination verschiedener Verfahren sind Voraussetzung, um Marikultur in Deutschland, Europa und weltweit auszubauen. Der Fluid-Kreislauf hat besondere Potentiale, die genutzt werden müssen. In Abb. 4 sind die grundsätzlichen Komponenten zusammengestellt. Die Anordnung der Komponenten, die Prozesskette, ist in jahrelanger Forschungs- und Entwicklungsarbeit entwickelt worden und markiert den Stand der Bioverfahrenstechnik des Fluid-Kreislaufs.

Der Fluid-Kreislauf, d. h. die Bioverfahrenstechnik und der Betrieb, wurde in Deutschland lange

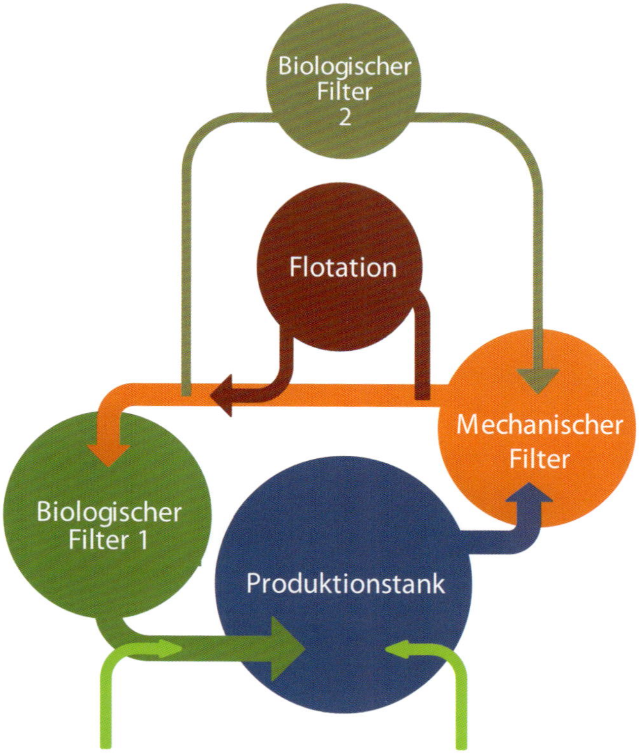

Abb. 4 Die Basiskomponenten eines Fluid-Kreislaufs für die Aquakultur von Fischen und Krebstieren. Der Produktionstank ist der Haltungsraum für die Organismen. Seine Geometrie und Hydrodynamik sind an die Biologie der Arten angepasst. Das Prozesswasser im Haltungstank unterliegt einer ständigen Aufbereitung: Der mechanische Filter entfernt in einem ersten Reinigungsschritt partikuläre Stoffe wie zum Beispiel Futterreste und Faeces aus dem Prozesswasser. Eine Flotation, die im Nebenstrom das Prozesswasser reinigt, entfernt feinste Partikel. Das auslaufende Prozesswasser ist glasklar. Der biologische Filter 1, die Nitrifikation, baut Stickstoffverbindungen, die die Tiere in das Wasser abgeben, ab. Von dort fließt das Prozesswasser zurück in den Haltungstank. Auf dem Weg dorthin wird dem Prozesswasser Sauerstoff zugeführt, Kohlenstoffdioxid entfernt und der pH-Wert eingestellt. Die Kontrolle der physikalisch/chemischen Eigenschaften erfolgt auch im Produktionstank. Ein zweiter biologischer Filter, die Denitrijfikation, der im Nebenstrom arbeitet, entfernt gelösten Stickstoff aus dem Prozesswasser.

Zeit allein dem Bereich der Biologie zugeordnet. Fehlschläge waren häufig die Folge. Erst eine andere Sichtweise und ein veränderter Ansatz, die enge wissenschaftliche Zusammenarbeit zwischen Ingenieuren und Naturwissenschaftlern an der Hochschule für Technik und Wirtschaft des Saarlandes, brachten den Durchbruch. Der Biologie wurde die Verantwortung für die Auslegung der Prozesse übertragen. Sie definiert Parameter und kontrolliert die Prozessvariablen. Die Ingenieurwissenschaften entwickeln Verfahren, Prozessketten und Steuer- und Regelkonzepte. Forschung und Entwicklung basieren heute auf einem intensiven Wissenstransfer und sind unmittelbar miteinander verknüpft. In Abb. 5 ist ein experimenteller Fluid-Kreislauf zu sehen. Die Anlage steht in der Forschungshalle der Meeresfischzucht Völklingen und wird für experimentelle wissenschaftliche Untersuchungen an neuen Arten für die Aquakultur in Deutschland eingesetzt.

Ein Fluid-Kreislauf ist aber nur solange in sich geschlossen, wie die im Produktionsprozess anfallenden Reststoffe weiter verwertet werden. Die im Produktionsprozess anfallende partikuläre organische Substanz, die gelösten Nährstoffe (Stickstoff, Phosphor) und das Abgas (Kohlenstoffdioxid) unterliegen bislang keinem geregeltem Recycling und können ein Umweltproblem darstellen. Durch die Erweiterung der Prozesskette des Fluid-Kreislaufs (Abb. 4) können die Stoffströme einer umweltverträglichen Verwertung zugeführt werden. In Abb. 6 ist das Schema eines so genannten integrierten Fluid-Kreislaufs dargestellt. Der zentrale Prozess ist die Fischproduktion, aus der das Prozesswasser einer pflanzlichen Produktion zugeführt wird, womit die gelösten Nährstoffe und das Kohlenstoffdioxid aus dem Prozesswasser entfernt werden. Die pflanzliche Biomasse, das können Mikroalgen oder auch Pflanzen sein, kann entweder als Rohprodukt industriell verwertet oder

Abb. 5 Ein experimenteller Fluid-Kreislauf in der Forschungshalle der Meeresfischzucht Völklingen für wissenschaftliche Untersuchungen an neuen Fischarten. Links: Die Wasseraufbereitung. Rechts: Blick in den Produktionstank mit Wolfsbarschen.

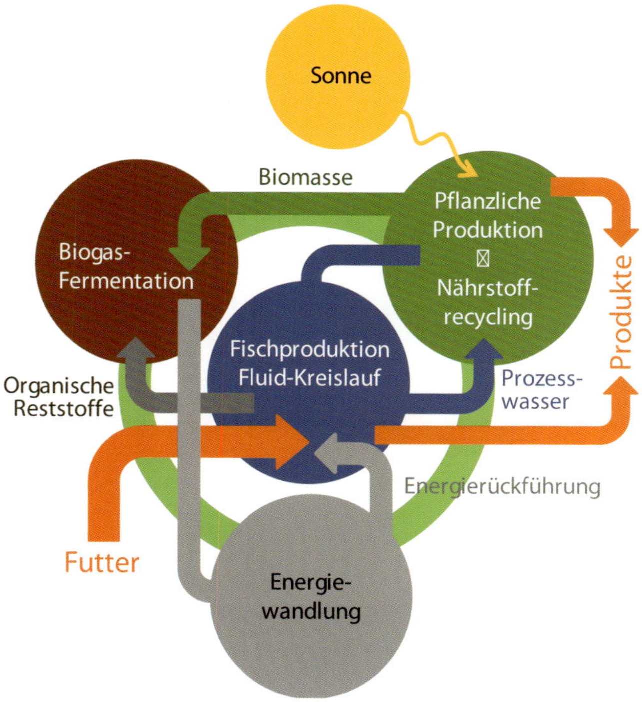

Abb. 6 Prinzipielles Schema eines integrierten Fluid-Kreislaufs, in dem auf der Basis der im Prozesswasser verfügbaren Nährstoffe heute Mikroalgen und Nutzpflanzen produziert werden. Die Verwertung der pflanzlichen Biomasse kann auf verschiedenen Wegen erfolgen.

Abb. 7 Ein moderner Photobioreaktor für die Produktion von Mikroalgenbiomasse. Rechts im Bild das beleuchtete Röhrensystem für die Produktion. Links im Bild der Auslauf der Algenbiomasse.

einer Biogas-Fermentation zugeführt werden. Die Biogas-Fermentation kann ebenfalls die organischen Reststoffe aus der Fischproduktion (Futterreste, Faeces) verwerten. Über eine Kraft-Wärmekoppelung ist eine Rückführung in den zentralen Produktionsprozess möglich.

Heute werden in Völklingen Mikroalgen und Halophyten, Nutzpflanzen, die im Salzwasser gedeihen, im Prozesswasser der Fluid-Kreisläufe produziert. Abb. 7 zeigt den Auslauf eines Röhren-Fotobioreaktors, in dem kontinuierlich Mikroalgen produziert werden. Durch eine neue Bioverfahrenstechnik ist es möglich, wertvolle Mikroalgen, die zum Beispiel für die Ernährung von Fischlarven benötigt werden, zuverlässig in gleichbleibender Qualität bereit zu stellen. Dafür werden keine Düngemittel wie in der Landwirtschaft benötigt. Nährstoffe für die Mikroalgen fallen im Produktionsprozess an und werden umweltfreundlich einer Verwertung zugeführt.

Die Halophyten werden in so genannten Lysimetern produziert, in denen die Pflanzen in einem Sandbett wachsen und mit Prozesswasser aus dem Fluid-Kreislauf bewässert werden. Strandwegerich, Strandaster, Queller und die Strand-Salzmelde wachsen heute in der Völklinger Forschungshalle, die als Gemüse und Gewürzpflanzen verwendet werden (Abb. 8). Die Arbeitsgruppe Aquakultur an der Hochschule für Technik und Wirtschaft des Saarlandes hat die Basis für den integrierten Fluid-Kreislauf geschaffen, mit dem in Zukunft an jedem Ort beliebige Arten gezüchtet werden können.

Abb. 8 Verschiedene Halophyten, Pflanzen, die an Standorten mit hohen Salzgehalten gedeihen. Von links nach rechts die Salzmelde, der Queller und der Strandwegerich, die die Nährstoffe im Prozesswasser von Kreislaufanlagen nutzen können.

Das Projekt «Marine Fischzucht Völklingen» war ein wichtiger Meilenstein für die Erforschung und Entwicklung des Fluid-Kreislaufs. Die Stadt Völklingen mit ihren Stadtwerken suchte Möglichkeiten, ein Industriegebiet zu reaktivieren, um mit einer modernen Industrie den Strukturwandel zu unterstützen. Neue Perspektiven und neue Arbeitsplätze in einer Zukunftstechnologie zu schaffen, waren das Ziel. Nach einer intensiven Prüfung wurde beschlossen, das Projekt «Marine Fischzucht Völklingen» zu entwickeln. Dazu sollte auch Forschung- und Entwicklung am Standort konzentriert werden. Die Hochschule für Technik und Wirtschaft des Saarlandes sah in dem Projekt, wie zuvor schon in anderen Gebieten, eine zukunftsweisende Erweiterung. Heute, nach drei Jahren, arbeitet die Arbeitsgruppe aus Naturwissenschaftlern und Ingenieuren an der Weiterentwicklung der Biotechnik des Fluid-Kreislaufs. Die Stadtwerke Völklingen unterstützen die Hochschule für Technik und Wirtschaft des Saarlandes mit einem Ausbildungs- und Forschungsstandort, der Forschungshalle Völklingen. Auf einer Fläche von 400 Quadratmetern werden heute Verfahren erprobt und verbessert.

Das erste Projekt in der Völklinger Forschungshalle war die Entwicklung einer Elterntierhaltung für eine marine Garnele, dem Black Tiger Shrimp (Abb. 9). Diese Art konnte weitab von ihrem Verbreitungsgebiet in der Mitte Europas aufgezogen werden. Anlagen dieser Art werden weltweit benötigt, um den Bedarf an Setzlingen für die Aquakultur zu decken. Die Forschung und Entwicklung, die an der Hochschule für Technik und Wirtschaft des Saarlandes in Zusammenarbeit mit der neomar GmbH und der Meeresfischzucht Völklingen GmbH durchgeführt werden, fokussieren auf neue Bioverfahrenstechnik, die Aquakultur ortsunabhängig, umweltfreundlich und wirtschaftlich machen. Das Interesse an der Technologie ist groß. In Abb. 10 ist eine Steinbutt-Aquakultur in der Provinz Shandong in China zu sehen, wo gerade

Abb. 9 Der Giant Tiger, eine marine Garnelenart mit hohem Wert in der Aquakultur. Dieses Tier wurde in der Forschungshalle Völklingen von der Larve aus aufgezogen.

die Tiere vor dem Transport sortiert werden. Die Steinbutte werden in einer Beckenanlage gehalten und mit fließendem Seewasser versorgt. Aufgrund zu hoher Wassertemperaturen im Sommer mussten die Tiere an einen anderen Ort transportiert werden. Im Winter ist der Energiebedarf für das Aufheizen des kalten Wasser sehr hoch. Hier zeigen sich die Vorteile eines Fluid-Kreislaufs, in dem die Lebensbedingungen für die Tiere immer optimal eingestellt werden können. Gerade in China werden

Abb. 10 Sortierung von Steinbutten in einer offenen Beckenanlage in der Provinz Shandong in China. Oben: Mitarbeiter sortieren die Tiere. Unten: Blick in den Haltungstank.

moderne Bioverfahrenstechniken benötigt, um den Bedarf an Fischen, Krebs- und Weichtieren, eine wichtige Grundlage für die Ernährung der großen Bevölkerung, in Zukunft zu decken.

Mangroven in Vietnam,Foto: Michael Gautier.

Seite 79-92

Mangrovenschutz als wichtiger Beitrag der Existenzsicherung tropischer Küstenbevölkerung

Ulrich Saint-Paul

Mangrovenwälder schützen die Küste vor Erosion, vermindern die Wirkung von tropischen Stürmen, fördern als Sedimentfallen die Verlandung und binden CO_2. Zahlreiche Fisch- und Krebsarten benötigen die Mangrovenregion als Aufwuchsgebiet. Mit ihrer zunehmenden Zerstörung durch den Menschen von der zweiten Hälfte des letzten Jahrhunderts an geriet dieses charakteristische Ökosystem in den Fokus des wissenschaftlichen Interesses. Es wurde offensichtlich, dass sich die Vernichtung der Mangrove erheblich auf die umgebenden terrestrischen und marinen Küstenbereiche auswirkt und dass diese Wälder auch Einfluss auf die Steuerung des Weltklimas haben, weil sie CO_2 binden. Für die lokale Bevölkerung bedeutet die Zerstörung der Mangrove den Verlust ihrer fischereilichen und holzwirtschaftlichen Ressourcen und damit ihrer traditionellen Lebensgrundlage.

Besonders betroffen ist die Küstenfischerei. Wirtschaftlich wichtige Fischpopulationen können nicht nachwachsen, wenn die Mangrove, die die Fische zum Laichen aufsuchen und die dann als Kinderstube und Aufwuchsgebiet dient, nicht mehr vorhanden ist. Der Verlust der ökonomischen Basis hat wiederum negative Auswirkungen auf die sozialen und wirtschaftlichen Strukturen der örtlichen Gemeinschaften. Erhebliche Folgen hat die Vernichtung von Mangroven für die Küstenformationen selbst. Hat ein Küstengebiet erst einmal seinen natürlichen Schutzschild verloren, ist es der Erosion durch Wind und Wasser preisgegeben, was langfristig zu geomorphologischen Veränderungen führt. Im Zusammenhang mit dem steigenden Meeresspiegel aufgrund der globalen Erderwärmung werden Überflutungen zur Tagesordnung gehören und immer wieder ganze Landstriche mit ihren Siedlungen unter Wasser setzen und verwüsten. Welche Bedeutung ein intakter Mangrovengürtel für den natürlichen Küstenschutz hat, zeigen Auswertungen von Satellitenaufnahmen vor und nach der Tsunami-Flutwelle im Dezember 2004 in einem untersuchten Küstenstreifen in Südostindien. Dort wurden Siedlungen, die im Schutze von Mangroven lagen, weitaus weniger durch die Flutwelle in Mitleidenschaft gezogen als solche, die ihr ungeschützt preisgegeben waren und komplett zerstört wurden. Auch die Auswirkungen des schrecklichen Zyklons „Nargis" auf das Irrawaddy-Delta in Myanmar im April 2008 wären geringer gewesen, wenn der ursprüngliche Küstenbewuchs noch vorhanden gewesen wäre.

Was muss getan werden, um der fortgesetzten Zerstörung von Mangroven entgegenzuwirken und dabei gleichzeitig die Lebensgrundlage der lokalen Bevölkerung zu sichern? Um diese Frage beantworten zu können, müssen die Zusammenhänge zwischen der Ökologie und den sozialen Strukturen eines regionalen Mangrovensystems erfasst werden, um daraus Bewirtschaftungsmodelle für seine nachhaltige Nutzung bei seinem gleichzeitigen Schutz entwickeln zu können.

Ulrich Saint-Paul

Mangroven – Charakteristika eines Ökosystems

Mangroven sind baumbestandene Feuchtgebiete in der Gezeitenzone tropischer und subtropischer Küsten. Sie wachsen beidseitig des Äquators in Gebieten, in denen die mittlere jährliche Wassertemperatur über 20° C liegt. Daher fehlen sie im Bereich kalter Meeresströmungen, wie etwa an der Südwestküste Afrikas und Südamerikas. In kälteren Gewässern jenseits der Wendekreise treten Salzwiesen anstelle der Mangroven. Hier verhindern niedrige Temperaturen und winterlicher Eisgang die

Abb. 1 Mangrovenbäume zeichnen sich durch Stütz- und Luftwurzeln aus. Die Bäume der Gattung *Rhizophora* haben ein ganz besonders hoch entwickeltes Wurzelsystem. Mit ihren Stelzwurzeln sind sie hervorragend gerüstet, um sich im instabilen Sediment fest zu verankern.

Ansiedlung salzresistenter Baumarten. Mangrovenbäume wachsen im Gezeitenbereich an der Grenze zwischen Land und Meer. Sie wurzeln in schlammigen, sauerstoffarmen Böden und sind einem extremen Gezeitenwechsel mit hohen Salzgehaltsschwankungen und starken Winden ausgesetzt. Nur wenige Pflanzen haben sich im Laufe der Evolution dahingehend entwickelt, dass sie die extremen Bedingungen dieses Standortes tolerieren.

Rund 70 Arten verschiedener Bäume, Sträucher, Palmen und Farne aus 20 Familien bilden die eigentliche Mangrove. Generell ist ein Mangrovenwald ein artenarmer Tropenwald, vergleicht man ihn mit dem Regenwald am Amazonas, wo pro Hektar teilweise über 500 Arten gezählt werden. Dieser Unterschied lässt sich aber mit dem Zwang der Anpassung von Mangrovenpflanzen an die extremen physikalischen Bedingungen im Litoralbereich erklären.

Die meisten Bäume wie die Rhizophora sind durch Viviparie gekennzeichnet, also lebendgebärend, d.h. die Samen keimen bereits am Baum aus und fallen als schwimmfähiger Keimling (Propagul) vom Mutterbaum ab. Der Rhizophora-Baum bildet bizarre Stelzwurzeln und verschafft sich damit im Schlick den erforderlichen Halt. Diese Wurzeln sind mit zahlreichen Luftporen und -kanälen bestückt, durch die der Sauerstoffmangel im Schlick ausgeglichen wird. Gleichzeitig dienen die bei einigen Mangrovenarten in großer Menge auftretenden Luft-

Abb. 2 Mangrovenwälder säumen tropische Küsten beiderseits des Äquators im Bereich zwischen den Wendekreisen des Krebses und des Steinbocks. Die 20° C-Isotherme (gestrichelte Linie) zeigt den Verlauf gleicher winterlicher Jahresmittelwerte der Meerestemperatur. Aus: M. Mastaller, Mangroves: The forgotten forest between land and sea. Art printing Works Sdn. Bhd., Kuala Lumpur, 1997.

Abb. 3 Alle typischen Mangrovenpflanzen werden durch Wasser verbreitet, wobei die Früchte, Samen oder Keimlinge schwimmfähig sind. Die meisten Mangrovenarten sind vivipar. Viviparie bedeutet, dass der Same ohne ein Ruhestadium bereits auf der Mutterpflanze auskeimt (links), bevor er abgeworfen wird. Wenn der auf der Mutterpflanze herangereifte Keimling (Propagul, Mitte) in Salzwasser fällt, schwimmt er horizontal, sobald er aber Brackwasser erreicht, dreht er sich mit den Wurzeln nach unten zeigend und bohrt sich in den weichen Schlamm. Innerhalb eines Jahres haben sich die Schößlinge verankert und sind angewachsen (rechts).

wurzeln mit ihrer dichten Behaarung als ausgezeichnete Sedimentfänger. So schützt das dichte Wurzelgeflecht vor Erosion und fördert bei jeder Überschwemmung die Ablagerung von Sedimenten. Damit kommt Mangroven eine große Bedeutung beim Küstenschutz und als Landbildner zu. Zusammen mit den vorgelagerten Korallenriffen bilden Mangroven einen natürlichen Küstenschutz.

Mangroven sind äußerst produktive Ökosysteme. Das reichhaltige, von den Bäumen herabfallende organische Material wird von Bakterien und Pilzen zersetzt und steht als Detritus unter anderem den heranwachsenden Fischen als Nahrung zur Verfügung, die sich im dichten Wurzelgeflecht und den Mangrovenkanälen tummeln. Die abfallenden Blätter und Früchte ergeben jährlich pro Quadratmeter bis zu 1,7 kg organisches Material, das auch benachbarte Korallenriffe und Seegraswiesen mit Nährstoffen versorgt. Aber nicht nur Fischen bietet die Mangrove Lebensraum, sondern es wimmelt dort von Land- und Seegetier: Im Schlamm leben Krabben und auf den Wurzeln siedeln unter anderem Seepocken und Algen; im aufgehenden Wald leben zahlreiche Affenarten und andere Säugetiere und in den Baumkronen nisten Vögel, unter anderem Wasservögel wie Ibisse und Reiher. Auch viele Reptilienarten sind hier vertreten. Zahlreiche Insektenarten sind auf diesen Wald angewiesen; ein Myriadenheer von Mücken macht das Fortkommen in der Mangrove zur Qual.

Fischerei – Lebensgrundlage der Menschen in der Mangrove

Aus fischereilicher Sicht ist die Mangrove mit dem Wattenmeer der Nordsee vergleichbar: Wie das Wattenmeer bietet auch die Mangrove für viele im Küstenbereich lebende Fisch- und Krebsarten Lebensraum und Nahrung und spielt eine wichtige Rolle als Kinderstube. Im dichten Wurzelgeflecht der Mangroven finden aber nicht nur Larven und Jungtiere bei der Nahrungssuche Schutz vor Räubern, sondern auch die bei Hochwasser in die Mangrovenpriele eindringenden adulten Fische und Garnelen. Die periodischen Überschwemmungen durch die Gezeiten und die stark schwankenden Salzgehalte wirken sich auf die Zusammensetzung der Fischfauna aus. Die dort lebenden Tiere sind euryhalin, also gegenüber stark schwankenden Salzgehalten tolerant. Einige Fischarten haben eine amphibische Lebensweise entwickelt, d. h. sie sind auf dem Land und im Wasser gleichermaßen zu Hause.

Viele wirtschaftlich interessante Fischarten wie beispielsweise der Milchfisch *Chanos chanos*, der heringsartige Schwarmfisch *Hilsa* spec., die meerbrassenähnlichen Schweinsfische *Pomadasys* spec. oder die Meeräsche *Mugil* spec. nutzen die Mangrove zum Heranwachsen. Mangrovenwälder werden auch als Muschelproduzenten intensiv genutzt, vor allem die Mangrovenauster (*Crassostrea rhizophora*) ist eine beliebte Speisemuschel. Der direkte Zusam-

Abb. 4 Die artisanale Fischerei spielt eine wichtige Rolle für die lokale Bevölkerung in der Mangrove. Die linke Abbildung zeigt einen Priel in einem Mangrovengebiet im Norden Brasiliens bei Ebbe, rechts derselbe Priel bei Flut mit aus dem Wasser ragenden Stangen, die auf Stellnetze hinweisen. Die aus dem Ästuar kommenden Fische schwimmen mit Flut landeinwärts, wo sie in den Prielen reichlich Nahrung vorfinden. Vor dem Kentern der Flut stellen die Fischer Stellnetzte auf, in denen sich die bei Einsetzen der Ebbe ins Ästuar zurückschwimmenden Fische verfangen.

Abb. 5 Die Landkrabbe *Ucides cordatus* bewohnt Erdhöhlen in der Mangrove. In der traditionellen Sammelfischerei Nordbrasiliens durchwaten Krabbensammler den Schlick im Mangrovengestrüpp und ergreifen die Krabben blind in ihren tief sitzenden Höhlen. Die Tiere werden dann lebend gebündelt und auf den einheimischen Märkten verkauft. Um eine nachhaltige Nutzung dieser Ressource zu gewährleisten, werden lediglich männliche Tiere gefangen, die Weibchen werden trotz des mühsamen Fangens wieder ausgesetzt.

menhang zwischen Fischreichtum und intakter Mangroven-Küste liegt in deren Funktion als Kinderstube für viele Fischarten. So benötigen beispielsweise in Indien 90 % und in Malaysia 65 % der für den Fischfang wichtigen Arten die Mangrove als Aufwuchsgebiet der Jungtiere.

Schlammspringer (*Periophthalmus* spec.) und Vieraugen (*Anableps* spec.) sind zwei völlig an die amphibische Lebensweise der Mangrove angepasste Fischarten. Die Schlammspringer können sich mit Hilfe ihrer Brustflossen problemlos außerhalb des Wassers hüpfend im

Abb. 6 Der Schlammspringer (links) und das Vierauge (rechts) sind hervorragend an den amphibischen Lebensraum der Mangrove angepasst. Sie bewegen sich außerhalb des Wassers bzw. können gleichzeitig über und unter Wasser sehen.

Abb. 7 Der Milchfisch ist in Südostasien von hohem kommerziellem Wert. Sein Lebenszyklus ist eng mit der Mangrove verknüpft.

Schlamm der Mangrove fortbewegen. Vieraugen sind Oberflächenfische mit einer geteilten Pupille, die es ihnen ermöglicht, als einziges bekanntes Wirbeltier simultan über und unter Wasser scharf zu sehen.

Da im Flachwasser und im Bereich der Mangrovenwurzeln dauerhafte Nahrungsreserven, aber nur wenige ausgewachsene Raubfische zu finden sind, bilden die Mangrovensümpfe einen sehr geeigneten Lebensraum zum Ablaichen und für die ungestörte Entwicklung der Larven und Jungtiere. Aquatische Tiere leben zudem häufig in einem Habitatmosaik, das sich aus mehreren Lebensräumen zusammensetzt. Wird nur eines der genutzten Habitate zerstört, so ist der gesamte Lebenszyklus des Tieres un-

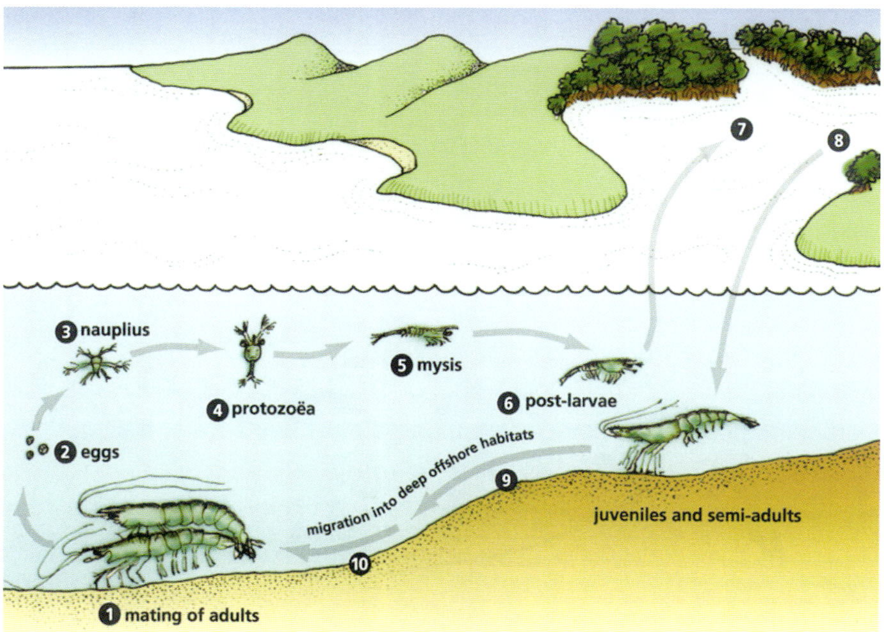

Abb. 8 Der Lebenszyklus Penaeider Krebse ist eng mit der Mangrove gekoppelt. Die adulten Tiere laichen im offenen Ozean ab. Im Laufe der Ei- und Lavalentwicklung nähern sie sich jedoch der schützenden Mangrove, in der sie sich dann bis zur Erreichung der Geschlechtsreife aufhalten.

terbrochen, und die entsprechende Art kann in dem Gebiet nicht überleben. Auch in diesem Zusammenhang ist der Mangrovenwald für viele wasserlebende Arten wichtig.
Liebhaber von Meeresfrüchten wissen, dass Shrimps mit einer verwirrenden Vielfalt an Bezeichnungen im Handel angeboten werden. Bei Krabben, Gambas, Camarones oder Crevetten handelt es sich jedoch immer um Garnelen aus der Großgruppe der Krustentiere, deren Lebensraum entweder die kalten, tiefen Gewässer des nördlichen Atlantiks oder die warmen Meere der Tropen sind. Die Garnelenfischerei ist in diesen Regionen wirtschaftlich von großer Bedeutung. Sie ist zwar durch die vermehrte Aquakulturproduktion in Bedrängnis geraten, erzielt aber immer noch hohe Gewinne. Für die Bevölkerung in tropischen Küstengebieten spielt die artisanale, mit handwerklichen Mitteln betriebene Fischerei auf Mangrovenfische eine wichtige Rolle. Sie führt allerdings nur dort zu guten Erträgen, wo der Lebensraum nicht durch menschliche Eingriffe gestört ist. In vielen Mangrovengebieten ist die Sammelfischerei auf Großkrebse lokal von erheblicher Bedeutung. Allein in der Sepetiba-Bucht in Südostbrasilien werden auf diese Weise jährlich ca. 10 t Krebse gefangen.
Eine ähnliche Funktion erfüllen die Mangroven auch für eine Vielzahl von Vögeln, die die Küstenwälder als dauernden Lebensraum oder als Durchzugsgebiet nutzen. Zudem leben viele teilweise stark gefährdete Säugetiere, Reptilien, Amphibien und Wirbellose in diesem Lebensraum. Ein Schutz der Mangroven ist daher auch immer der Schutz einer Vielzahl von zum Teil hochspezialisierten Tier- und Pflanzenarten.
Eine fischereiliche Nutzung der Mangrovensümpfe kann ökologisch unbedenklich sein, wenn sie sich auf das Fangen und Sammeln im Einklang mit der Regenerationsfähigkeit der Bestände der genutzten Wasserorganismen beschränkt.

Opfer von Expansion und extensiver Bewirtschaftung

Die alteingesessenen Bevölkerungsgruppen haben sich im Laufe der Zeit sozioökonomisch an die Lebens- und Ertragsbedingungen ihrer Mangrove angepasst, die sie überwiegend fischereilich und holzwirtschaftlich nutzten, ohne sie in ihrem Bestand zu gefährden. Die massive Zerstörung von Mangroven setzte erst mit der drastischen Bevölkerungszunahme in den vergangenen Jahrzehnten ein, als ganze Mangrovengebiete gerodet wurden, um Brennholz und Holzkohle zu gewinnen, Straßen zu bauen, Bauland für Wohn-, Hafen- oder Industrieansiedlungen zu schaffen, Aquakulturanlagen oder touristische Zentren zu errichten. Zu Beginn der 1990er-Jahre verzeichnete das US-amerikanische World Resources Institute für den Zeitraum von 1980 bis 2000 eine Bevölkerungszunahme in Küstennähe von ca. 600 Millionen auf ca. 1 Milliarde Menschen. Millionenstädte wie Bangkok, Bombay (Mumbai), Jakarta, Kalkutta (Kolkata), Miami, Rio de Janeiro, Sydney und Singapur stehen heute da, wo einst Mangroven wuchsen. Mangrovenreste am Rande der Megastädte werden durch weitläufige Slums zerstört, sie fallen der Immobilienspekulation zum Opfer oder aber sie werden – wie in Indien –

Abb. 9 Eine Aquakulturanlage zur Garnelenzucht im Süden Vietnams: In riesigen Becken werden Millionen von Garnelen („Shrimps") gehältert und aufgezogen. Wo sich heute die Zuchtteiche aneinander reihen, erstreckte sich früher der Mangrovenwaldgürtel.

zur Ansiedlung von Flüchtlingen abgeholzt. Nach neueren Angaben der Welternährungsorganisation (Food and Agriculture Organization, FAO) wird die Ursprungsfläche von Mangroven weltweit auf 200 000 km² geschätzt. Bis 1980 wurden weltweit etwa 6 % vernichtet und seitdem rapide weitere 19 %. Weltweit ist also ca. ein Viertel der ursprünglichen Mangrovenfläche verschwunden, sodass die aktuelle Fläche auf maximal 150 000 km² geschätzt wird.

In Südamerika ist seit 1980 fast die Hälfte der Mangrovenfläche vernichtet worden. Hier sind die Verluste hauptsächlich auf den wachsenden Tourismus und die Ausweitung von Aquakulturanlagen zurückzuführen. Seit 1980 hat Brasilien 62 % seiner Mangrovenfläche eingebüßt, allein die Anlage von Feriensiedlungen und Marinas in der Ilha Grande-Bucht zwischen Rio de Janeiro und São Paulo hat 80 % der dortigen Mangrovenfläche verschlungen. Auf den Kaiman-Inseln in der Karibik wurden seit 1977 über 95 % der Überschwemmungswälder für die Anlage von Ferienwohnungen, Straßen, Marinas und Golfplätzen aufgeschüttet.

In Ecuador werden Mangroven rücksichtslos gerodet, um Platz für Aquakulturanlagen zu schaffen. Garnelen („Shrimps") sind auf den Tischen der industriellen Wohlstandsgesellschaft beliebt. Die steigende Nachfrage danach hat in den Tropenländern zu einem expandierenden Ausbau intensiver Shrimpzuchtanlagen geführt. Kamen 1970 circa 6 % der weltweit produzierten Shrimps aus Aquakulturanlagen, so sind es heute knapp 30 %, in den Tropen sogar bis zu 65 %. Der aktuelle Jahresweltertrag der Garnelenfischerei liegt bei 3,6 Mio. t. Die höchsten Erträge stammen aus Asien. Allein China und vier weitere asiatische Länder fangen 55 % dieser Menge. Bezogen auf die Gesamtmenge von ca. 6 Mio. t stammen 60 % der Garnelenanlandungen aus der Fischerei und 40 % aus der Zucht. Die Kommerzialisierung der Shrimp-Aquakultur wird von den lukrativen Profiten auf dem Exportmarkt gesteuert und oftmals stark durch privatwirtschaftliche Interessen gefördert. Mit dem unmittelbaren Verlust an Mangrovenfläche geht häufig eher unbemerkt ein massiver Einschnitt an Zugangsmöglichkeiten der ärmsten

Bevölkerungsschichten zu ihrem angestammten Territorium einher, da die Aquakulturanlagen weiträumig abgesperrt werden. Dadurch müssen die lokalen Bevölkerungsgruppen teilweise große Umwege in Kauf nehmen, um zu ihrem Mangrovengebiet zu gelangen. Gleichzeitig kann es zu einer Versauerung der Sedimente kommen, die zu einer Aufgabe der Aquakulturanlage nach wenigen Jahren führt. Der anthropogene Wandel und die Reduzierung der Mangrovenwälder stellen damit gerade für die ärmsten Bevölkerungsgruppen eine unmittelbare Bedrohung dar. Durch Aquakulturanlagen sind weltweit ca. 14 000 km^2 Mangrovenfläche zerstört worden, besonders betroffen ist Südostasien mit geschätzten Verlusten von 50 %-80 %. Da die Teiche nur wenige Jahre in Betrieb gehalten und immer wieder neue Becken angelegt werden, wird der Mangrovenwald unaufhaltsam abgeholzt.

Vom Boom der Shrimp-Farmen sind Länder in den Tropen betroffen, vor allem Thailand, China, Indonesien, Ecuador und Indien, aber auch Vietnam, Bangladesh, Mexiko, Kolumbien und Honduras. Nur zwei Garnelenarten spielen in der Zucht eine wichtige Rolle, *Litopenaeus vannamei* (white-leg shrimp) ist die Hauptart in der westlichen Hemisphäre. Sie kommt entlang der Pazifikküste von Mexiko bis Peru vor. Im asiatischen Raum ist es *Penaeus monodon* (Tigergarnele), die im Indischen und Pazifischen Ozean von Japan bis Australien verbreitet ist. Aufgrund ihrer Anfälligkeit gegenüber Krankheiten (white spot desease) wird diese Art aber zunehmend durch *L. vannamei* ersetzt, sodass diese Art für die Zucht weltweit immer wichtiger wird.

Der Lebenszyklus tropischer Garnelen beginnt im offenen Meer, wo das weibliche Tier rund 100 000 Eier ablegt. Innerhalb von 24 Stunden schlüpfen die Larven, die nach etwa zwei Wochen in die nährstoffreichere Küstennähe schwimmen und dort im Schutz der Mangrovenwälder vom Larven-Stadium zu ausgewachsenen Tieren heranwachsen. Diesen Zyklus haben Fischer schon seit langem genutzt, indem sie bei Flut angespülte Larven in Überschwemmungsbecken zurückhielten. Die Garnelen wurden oft zusammen mit anderen Krebstieren für die Versorgung der lokalen Märkte ohne Zufütterung herangezüchtet. Besonders in Asien war der Wechsel zwischen Reisanbau und der Aufzucht von Garnelen ein wichtiger Bestandteil der Nahrungssicherung. Die Erträge sind dabei zwar gering, dafür belastet diese traditionelle Nutzung die Umwelt kaum. Diese Kulturform ist heute aber weitgehend durch intensiv bewirtschaftete Garnelenteiche mit hohen Besatzdichten und notwendiger Zufütterung ersetzt worden.

Für die Anlage dieser ein Meter tiefen Zuchtbecken müssen ausgedehnte Mangrovengebiete gerodet oder auch Reisfelder zerstört werden. Intensiv betriebene Aquakultur hat nicht nur die Vernichtung von Mangroven zur Folge, sondern durch den Einsatz von chemischen Wirkstoffen wie Desinfektionsmitteln, Pestiziden und Dünger auch die Vergiftung der Umwelt, da sich die Rückstände der eingesetzten Chemikalien im Gewässer und Sediment anreichern und damit das Ökosystem belasten. Da die Garnelen empfindlich gegenüber Sauerstoffmangel sind, ist der Frischwasserbedarf der Farmen an Salz- und Süßwasser enorm. Die Lebensdauer einer

solchen Farm liegt aber auch bei einem verantwortungsbewussten Management nur bei 15 Jahren. Da eine natürliche Regeneration bei Versalzung und Bodenerosion ausgeschlossen ist, sind die Produktionsstätten nur mit einem sehr hohen finanziellen Aufwand wieder nutzbar. Daher ist auch keine zyklische Nutzung mit Brachzeiten möglich. Die Folge ist, neue Mangrovenflächen müssen gerodet werden.
Ursprünglich sah man in der Möglichkeit, proteinreiches Garnelenfleisch industriell zu produzieren, einen Weg, die angespannte Ernährungssituation der Weltbevölkerung zu verbessern. Die Weltbank förderte im großen Stil den neuen Industriezweig der Shrimp-Aquakultur. Beispielsweise stellte die Weltbank Indien einen Kredit in Höhe von 425 Mio. US $ zur Verfügung, als es mit der industriellen Shrimp-Zucht begann. Auch die FAO unterstützte solche Projekte, vor allem mit technischem Material. Ein nicht unerheblicher Punkt dabei war, dass die Weltbank damit rechnete, dass die „armen" Entwicklungsländer mit diesem neuen Produkt, das ausschließlich in Dollars gehandelt wird, ihre Schulden zurückzahlen können. Die Weltbank lässt bei dieser Politik traditionelle Exportgüter völlig außer acht, da damit keine großen Gewinne zu erzielen seien. Aus diesem Grunde sieht die Weltbank auch keine Veranlassung, diese Exportgüter zu fördern, um somit traditionelle und eventuell auch nachhaltige Wirtschaftsformen zu unterstützen. Sie zieht es vor, ein rein auf den Export gegründetes Wachstum in diesen Ländern anzustoßen. 86 % des weltweiten Angebots an Zucht-Garnelen kommt aus gerade sieben Ländern und geht in die USA, nach Japan und in einige europäische Staaten (Deutschland nimmt jährlich 7000 t ab). Es ist wichtig die Verbraucher darüber aufzuklären, dass dadurch nicht nur Küstenfeuchtgebiete zerstört werden, sondern damit auch die Lebensgrundlage der Menschen, die dort leben – in aller Regel Bauern und Fischer. Sie werden verdrängt, durch Gewalt oder Umweltschäden.

Wiederaufforstung – ein Beitrag zum Küstenschutz

Was kann zum nachhaltigen Schutz noch vorhandener Mangrovengebiete weltweit getan werden, um ihrer fortgesetzten Degradierung und den ständig steigenden Nutzungsansprüchen durch den Menschen entgegenzuwirken? Ein Instrumentarium dazu ist das Konzept des „Integrierten Küstenzonenmanagements" (IKZM), das ein Küstensystem umfassend beschreiben und bewerten sowie Schutz- und Bewirtschaftungsmaßnahmen zum Erhalt seiner Ressourcen formulieren soll. Das IKZM dient der nachhaltigen Bewirtschaftung und Nutzung eines Küstengebietes in einer Weise, die die natürliche Regenerationsfähigkeit der Ressourcen und damit den ökologisch-ökonomischen Wert der Region bewahrt beziehungsweise wiederherstellt. Erreicht wird dies durch die Umsetzung eines integrierten Managementplans, der die relevanten natürlichen, gesellschaftlichen, politischen und administrativen Aspekte des betroffenen Küstengebietes berücksichtigt.
Ein effizientes Management von Küstenökosystemen hängt von einer guten Kenntnis der Ökologie des Systems und seiner ökonomischen Nutzungsformen ab. Erst durch eine

Abb. 10 In vielen Ländern der Welt werden erfolgreich Versuche unternommen, Mangroven wieder aufzuforsten. Hier ein Beispiel aus Gujarat, Indien.

fächerübergreifende Zusammenarbeit von Natur- und Sozialwissenschaftlern und Ökonomen sowie durch die Kooperationsbereitschaft der örtlichen Gemeinschaften lassen sich Pläne zum Schutz eines Naturraumes umsetzen. Daher setzt die nachhaltige Bewirtschaftung zum Schutz eines Mangrovenwaldes fundierte wissenschaftliche Kenntnisse voraus: Wie funktionieren diese Ökosysteme? Wie sind sie strukturiert? Wie können die Ressourcen nachhaltig genutzt werden, ohne die Systeme in ihrer Biodiversität und Funktionsfähigkeit zu gefährden? Wie ist es um die sozialwissenschaftlichen Faktoren, die Wechselwirkung zwischen Mensch und Umwelt bestellt?

In Deutschland erforscht das Leibniz-Zentrum für Marine Tropenökologie (ZMT) an der Bremer Universität interdisziplinär gemeinsam mit seinen Partnern in den Tropen die wissenschaftlichen Grundlagen für Konzepte zum Schutz und zur nachhaltigen Entwicklung bestimmter Regionen. Über 10 Jahre (1995-2005) hat das ZMT in einem deutsch-brasilianischen Verbundvorhaben, gefördert durch das Bundesministerium für Bildung und Forschung, ein Mangrovengebiet südöstlich der Amazonasmündung im Nordosten Brasiliens untersucht. Aufbauend auf breiten ökologischen Kenntnissen und sozialwissenschaftlichen Studien wurden Ökosystemmodelle entwickelt und Empfehlungen für die politischen und administrativen Entscheidungsträger erarbeitet, die eine nachhaltige Nutzung des untersuchten Mangrovengebietes und seiner Ressourcen ermöglichen.

MANGROVENFLÄCHE WELTWEIT

Kontinent	Schätzung 1980 (km²)	Schätzung 2005 (km²)	Verlust von 1980-2005 (km²)	Prozentualer Verlust 1980-2005
Afrika	36700	31600	5100	14
Asien	77690	58580	19110	25
Mittel- und Nordamerika	29510	22630	6880	23
Ozeanien	21810	19720	2090	10
Südamerika	22220	19780	2440	11
Gesamt	**187930**	**152310**	**35620**	**19**

Abb. 11 Mangrovenflächen und -verluste weltweit nach Angaben der FAO 2008.

In vielen tropischen Regionen wird an der Wiederaufforstung von Mangroven gearbeitet – allerdings mit unterschiedlicher Intensität. Der Versuch, das Ökosystem Mangrove wieder herzustellen, erfolgt mit Diasporen, Keimlingen, Jungpflanzen und Stecklingen. Besonders wichtig für den Erfolg ist hierbei der Wasserstand, denn gerade in den höher gelegenen Gebieten trocknen die Böden aus und der Salzgehalt steigt stark an. Weitere wichtige, zu kontrollierende Parameter sind Licht und Bodentemperatur sowie der pH-Wert. In der Regel werden 10000 Pflanzen pro Hektar gesetzt, sodass unter Berücksichtigung natürlicher Sterblichkeit nach 15 Jahren eine Baumdichte von 1000/ha erzielt wird. Die Bäume sind dann circa. 5 m hoch. Erfolgreiche Wiederaufforstungsprojekte sind unter anderem aus Kolumbien, Brasilien, Malaysia, Indien und den Philippinen bekannt.

In der Regel handelt es sich bei Wiederaufforstungen von Mangrovenwäldern um Monokulturen. Um herauszufinden, ob die aufgeforsteten Monokulturen in ihrer ökologischen Bedeutung mit natürlichen Mischwäldern vergleichbar sind, erforscht das ZMT seit mehreren Jahren ein Wiederaufforstungsareal im Süden Vietnams.

Als Folge des Vietnamkrieges wurden dort Mangrovenwälder durch das Herbizid „Agent Orange“ vollständig zerstört. Seit drei Jahrzehnten wird im Can Gio Reservat in der Nähe des Mekong-Deltas mit einem Programm zur Wiederaufforstung eine Renaturierung der zerstörten Wälder versucht. Im Can Gio Projekt geht es um den ökologischen Vergleich wieder aufgeforsteter mit naturbelassenen Mangroven. Dazu wurden Untersuchungen an den jeweiligen Standorten zu biochemischen Prozessen und zur Bodenbesiedlung, dem Benthos, durchgeführt. Die Untersuchungen sind noch nicht abgeschlossen, fest steht allerdings, dass sich der Erosionsprozess verlangsamt und eine reiche Benthosgemeinschaft angesiedelt hat. An diesem Beispiel zeigt sich, dass eine Wiederaufforstung degradierter Mangrovenwälder sinnvoll ist, da sie die biologische Produktivität intensiviert, damit die Funktionsfähigkeit des Ökosystems wiederherstellt und gleichzeitig den regionalen Küstenschutz verbessert.

Ausblick

Der weltweit zu beobachtende Rückgang an Mangroven und die zunehmende Wahrnehmung ihrer Bedeutung für Fischerei, Küstenschutz und Weltklima haben auch die Bemühungen zur Wiederaufforstung degradierter Flächen verstärkt. In deren Planung und Durchführung sollte die einheimische Bevölkerung einbezogen werden, um die Nachhaltigkeit entsprechender Maßnahmen zu sichern. Wieweit eine Wiederaufforstung von Mischkulturen ökologisch sinnvoller wäre, müssen zukünftige Untersuchungen zeigen. Die anhaltende Zerstörung macht aber auch deutlich, wie langwierig die politische Umsetzung von Konzepten zum Schutz von Mangroven ist. In jedem Fall gilt als sicher, dass die Wiederaufforstung degradierter Mangrovenwälder ergänzend zum Aufbau eines Frühwarnsystems dazu beitragen wird, die Auswirkungen von Extremwetterereignissen wie Tsunamis und Sturmfluten abzuschwächen.

Abb. 12 Ein kleiner motorisierter Kutter in Malaysia auf der Fahrt zu seinen mangrovennahen Fanggründen.

Fisch als Nahrungsmittel der Zukunft

Werner Kloas

In Deutschland konsumieren wir pro Jahr 1,2 Millionen Tonnen Fisch. 2 Millionen Tonnen werden in Deutschland verarbeitet und zum Teil exportiert. 230 000 Tonnen Fisch sind selbst gefangen, das entspricht unserer Fangquote für Fisch aus Nord- und Ostsee. In eigenen Aquakulturen werden 45 000 Tonnen Fisch produziert. Der Rest – 925 000 Tonnen Fisch für den Eigenverbrauch plus 800 000 Tonnen für die Verarbeitung – ist importiert.

Fisch schmeckt nicht nur gut. Er hat Huhn, Rind, Schwein und Co. in Sachen Nachhaltigkeit einiges voraus: So werden bei seiner Produktion am wenigsten Wasser und Futter verbraucht. Und auch der CO^2-Ausstoß von Fischen ist am geringsten, da die Tiere wechselwarm sind, das heißt, sie müssen keine Energie für die Regulation ihrer Körpertemperatur aufwenden.

Zudem ist Fisch sehr gesund. Sein Fleisch ist leicht verdaulich, da die Muskulatur kaum mit Bindegewebe durchsetzt ist. Besonders gesund ist vor allem Seefisch, wegen des hohen Anteils an Selen, Jod und vielfach ungesättigter (Omega-3-)Fettsäuren, die sein Fleisch dem Menschen liefert. Eine wichtige Aufgabe für Fischzucht in Aquakulturen ist es deshalb, ein geeignetes Food Design zu entwickeln, also mithilfe der Ernährung der Fische zu erreichen, dass diese ähnlich gesundes Fleisch liefern wie Seefische.

Im Gegensatz zu den stagnierenden bzw. rückläufigen Erträgen aus der Weltfischerei verzeichnet die Aquakultur seit 1970 durchschnittliche jährliche Produktionszuwächse von 8-10 Prozent und ist damit global der am schnellsten wachsende Bereich der Landwirtschaft.

Heute stammt der Fisch, der auf unseren Tellern landet, zu etwas mehr als der Hälfte aus Aquakulturen. Der Rest – knapp die Hälfte – wird wild gefangen, aber in abnehmendem Maß, denn die Meere der Welt sind zunehmend leergefischt. Die größten Aquakulturen gibt es in China. Dort werden Karpfenartige produziert, Süßwasserfische mit weißem Fleisch. In Europa ist Norwegen der mit Abstand größte Produzent von Aquakultur-Fischen. Das skandinavische Land produziert und exportiert die weltweit größte Menge an Lachs. Auch in Dänemark gibt es Aquakulturen in größerem Maßstab; der nördliche Nachbar Deutschlands hat sich auf Forellen spezialisiert.

In Deutschland stagniert die Aquakultur-Produktion seit Jahren trotz vorhandener Ressourcen (Wasser, Energie, Technik-Know-how) bei ca. 40 Tausend Tonnen pro Jahr, was im Vergleich zum jährlichen Fischverzehr von über 1,2 Millionen Tonnen nur etwa 3 Prozent ausmacht. Bei den heimischen Aquakulturen handelt es sich vor allem um Forellenzucht in Bächen oder von Karpfen in Teichen. Aquakultur kann nur zukunftsweisend sein, wenn sie hohe Produktqualität garantiert, Ressourcen schont und umweltfreundlich ist. Zertifizierte Fischzucht in Kreislaufanlagen, die auf Nachhaltigkeit ausgerichtet sind, hat einen steigenden Anteil am deutschen Fischkonsum – immer mehr Verbraucher achten auf Fische mit diesem Siegel.

Werner Kloas

Nachhaltige Aquakultur

Der Anteil an nachhaltig betriebener Aquakultur ist weltweit verschwindend gering. Damit wir über mehr umweltschonend erzeugten Fisch verfügen können, sollte der Anteil von Fisch aus eigener Aquakultur deutlich erhöht werden. Da die traditionellen Kultursysteme (Teichwirtschaften) wegen der daraus resultierende Umweltbelastungen der Ökosysteme gerade im Hinblick auf die Wasserrahmenrichtlinie kaum Wachstumspotential aufweisen, besteht Übereinstimmung darin, dass eine zukunftsorientierte, nachhaltige Produktion in landbasierten, geschlossenen Kreislaufsystemen anzustreben ist.

Eine gute Voraussetzung für eine umweltschonende Fischerzeugung ist, den Produktionskreislauf komplett von natürlichen Gewässern abzukoppeln. Fischzuchten, die an natürliche Gewässer angebunden sind, können diese nämlich mit Nährstoffen aus Kot und Futterresten belasten. Geschlossene Kreislaufanlagen bieten hier ein optimales technisches Verfahren. Ein weiterer großer Vorteil gegenüber Netzkäfighaltung und Teichwirtschaft: Alle wichtigen Einflussfaktoren (z. B. Temperatur, Photoperiode, Fütterung) auf die Produktion können kontrolliert werden. So lässt sich der Produktionsprozess optimieren.

Eine geschlossene Kreislaufanlage funktioniert so: Die Fische werden in Becken in einem geschlossenen Gebäude gehalten. Das Wasser wird im Kreislauf von den Fischbecken über Filter geleitet, gereinigt und zurück in die Becken gepumpt. Die Filter entfernen zum einen grobe Partikel wie Futterreste und Kot aus dem Wasser (mechanische Reinigung), zum anderen wandeln Bakterien im Biofilter die schädlichen Ammoniumverbindungen aus den Ausscheidungen der Fische in ungiftiges Nitrat um.

Ein wichtiger Faktor für die Gesundheit der Fische in der Aquakultur ist die Besatzdichte. Geraten die Tiere in Stress, produzieren sie das Stresshormon Cortisol, was längerfristig zu Hemmungen bei Wachstum und Fortpflanzung wie auch zu Ausfällen beim Immunsystem führt. Hier gilt: Ein zu enger Besatz ist schlecht für die Fische, ein zu loser allerdings auch. Die meisten Fische sind Schwarmtiere; werden sie vereinzelt gehalten, fangen sie an, miteinander zu kämpfen, was wiederum Stress erzeugt. Optimal ist eine moderate Besatzdichte von – je nach Fischart – etwa 50 bis 70 Kilogramm Fisch auf einen Kubikmeter Wasser. Sogar das Betreiben von Becken in mehreren Stockwerken übereinander ist denkbar.

Häufig werden Aquakulturen mit dem Einsatz von Antibiotika assoziiert. In den 1980er bis 1990er-Jahren wurden Fische in norwegischen Lachszucht-Aquakulturen prophylaktisch mit Antibiotika behandelt. Diese Zeiten sind jedoch längst vorbei. Heutzutage dürfen Antibiotika nur im Krankheitsfall und nach tierärztlicher Anweisung verabreicht werden. Deswegen beträgt der heutige Einsatz von Antibiotika nur etwa ein bis zwei Prozent der früher gegebenen Mengen. In einer nachhaltigen Fischzucht-Kreislaufanlage kann beispielsweise durch Hygieneschleusen die Gefahr von Erkrankungen minimiert werden und damit auch der Einsatz von Medikamenten. Strenge Vorschriften existieren auch bei der Desinfektion der Becken mit Malachitgrün bzw. Formalin. Das gilt sowohl für Europa als auch in besonderem Maße für Deutschland. Zurzeit wird erprobt, den Bakterien in Zuchtanlagen mit

Peressigsäure beizukommen, einem problemlos abbaubaren, ungiftigen Naturprodukt.
Nach wie vor werden Fische in Aquakulturen meist mit aus Fischmehl gepressten Pellets gefüttert. Diese haben den Vorteil, dass sie Fischöl und damit mehrfach ungesättigte tierische Fettsäuren enthalten, weil sie aus wildem Fisch hergestellt werden. Diese Omega-3-Fettsäuren bieten dem Menschen, der das Endprodukt zu sich nimmt, einen guten Schutz gegen Herz-Kreislauf-Erkrankungen. Der Nachteil der Fischernährung mit Fischmehl: Die kleinen Fische, zum Beispiel Sardinen, aus denen es hergestellt wird, stehen dem Ökosystem nicht mehr zur Verfügung, etwa als Nahrung für größere Fische.
Seit etwa 15 Jahren werden Alternativen zum Fischmehl erprobt, von denen einige gut funktionieren: So werden die Pellets mit Gluten angereichert, einem Abfallstoff aus Getreide, oder mit Rapskuchen. Rapskuchen ist das, was übrig bleibt, wenn aus Raps Öl erzeugt wird. Auch Protein-Beimischungen von Soja und Erbsen werden erprobt. Forelle, die rein pflanzlich ernährt wurde – vegetarischer Fisch sozusagen –, wird bald in den Supermarkt-Kühlregalen zu haben sein: ein echter Knüller für alle, die auf Nachhaltigkeit achten.
Allerdings ist der Verbrauch an Fischmehl trotz verschiedener Beimischungen nicht zurückgegangen, da die Produktion von Fischen in Aquakulturen gleichzeitig stark zugenommen hat, also mehr Fische ernährt werden müssen. Eine neue Alternative sind Fliegenmaden, die den Fischen eine optimale Aminosäuren-Zusammensetzung bieten. Damit kann Fischmehl vollständig ersetzt werden. Nur die gesunden Fettsäuren sind geringer. Hier kommen wieder der Meeresbewohner ins Spiel: Wenn man die Fliegenmaden mit bestimmten Meeres-Algen kombiniert, ist das Fischfutter perfekt – nachhaltig und genau auf den Bedarf von Fisch und Mensch abgestimmt.

Aquakultur kann in andere landwirtschaftliche Systeme integriert werden

Eine nachhaltige Produktion von Fisch ist in Deutschland auch in größerem Maßstab gut machbar. So kann etwa Kühlwasser von Kraftwerken, das bislang in Flüsse abgeleitet wird und dort wegen seiner höheren Temperatur das ökologische Gleichgewicht stört, für Aquakulturen genutzt werden: Es liefert Wasser und Wärme zugleich, kann auf diese Weise also sinnvoll zweitverwertet werden.
Weltweit gehen etwa 70 Prozent des Süßwasserverbrauchs in die Landwirtschaft. Sinnvoll wäre es hier, Aquakulturen in die bestehenden Produktionssysteme zu integrieren, etwa indem Wasser aus den Becken, das ausgetauscht werden muss, zur Bewässerung der Felder genutzt wird. Dabei wird nicht nur das Wasser doppelt genutzt, die Pflanzen erhalten zugleich Nährstoffe, was ihnen beim Wachstum hilft, ohne dass der Bauer zusätzlichen Dünger aufbringen muss.

Fische und Tomaten unter einem Dach

Am Leibniz-Institut für Gewässerökologie und Binnenfischerei (IGB) forscht die Arbeitsgruppe Aquakultur von Prof. Werner Kloas daran,

Fischzucht nachhaltig zu gestalten. In einem vom Bundesministerium für Bildung und Forschung (BMBF) geförderten Projekt (ASTAF-PRO: Aquaponiksystem zur nahezu emissionsfreien Tomaten- und Fisch-Produktion in Gewächshäusern; BMBF: FKZ 01SF0719) haben die Wissenschaftler ein System entwickelt, in dem durch die Kombination von Fisch- und Gemüsezucht Wasser eingespart werden kann und das im Fischkreislauf entstandene Nitrat und andere Nährstoffe als natürlicher Pflanzendünger verwendet werden.

Die Kombination von Aquakultur (Fischzucht) und Hydroponik (Gemüsezucht mit Nährfilmtechnik) nennt man Aquaponik. Dabei fließt in einer geschlossenen Kreislaufanlage das Wasser aus den Fischbecken über einen mechanischen und einen biologischen Filter, aber nun nicht wieder zurück zu den Fischen, sondern stattdessen in eine Hydroponikanlage – eine Form der Gemüsezucht, bei der Pflanzen nicht in Erde wurzeln, sondern durch ein anorganisches Substrat mit Nährstoffen versorgt werden.

Die Idee, das nährstoffreiche Wasser aus der Fischzucht zum Wässern und Düngen von Gemüsepflanzen zu verwenden, ist nicht neu. In herkömmlichen Aquaponiksystemen wird die Hydrokultur einfach in den geschlossenen Fischkreislauf integriert, das Wasser aus der Hydrokultur fließt in die Fischbecken zurück. Der Nachteil besteht darin, dass sich beide Kulturen negativ beeinflussen – Pflanzen benötigen einen pH-Wert unter 6 und Fische und die Bakterien im Biofilter einen pH-Wert über 6. Außerdem hemmen die hohen Nitratkonzentrationen im Wasser das Wachstum der Fische.

Abb. 1 Der Tomatenfisch: Maskottchen für die kombinierte Fisch- und Gemüsezucht, wassersparend, CO_2 neutral und ohne künstlichen Dünger, Grafik: neoplas.

Der Tomatenfisch – wassersparend, ohne künstlichen Dünger und CO_2 neutral

Das am IGB entwickelte System, auch „Tomatenfisch“ genannt, hat bisherigen Aquaponik-Varianten einiges voraus. In dieser Anlage ist der Fischkreislauf über ein Einwegventil mit den Pflanzrinnen der Hydroponikanlage verbunden. Das Wasser mit den Nährstoffen fließt von den Fischbecken über den mechanischen und den Biofiltern zu einem Nährfilmtank. Im Nährfilmtank wird der pH-Wert für die Pflanzen optimiert, bevor das nährstoffreiche Wasser in die Pflanzrinnen fließt. Das Wasser fließt also von der Aquakultur zur Hydroponik, aber nicht wieder zu den Fischen zurück. Das Gemüse in den Pflanzrinnen wächst auf Steinwolle statt auf Erde. Der Vorteil – die Wurzeln werden von der Nährlösung umspült und können Wasser und Nährstoffe optimal aufnehmen. Die Pflanzen geben über die Blätter Wasserdampf ab,

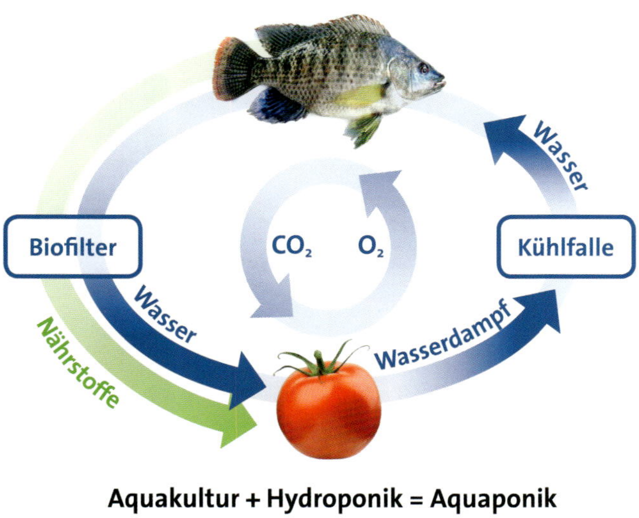

Abb. 2a Diese Grafik veranschaulicht die Stoffflüsse in der Aquaponikanlage, Grafik: UNICOM.

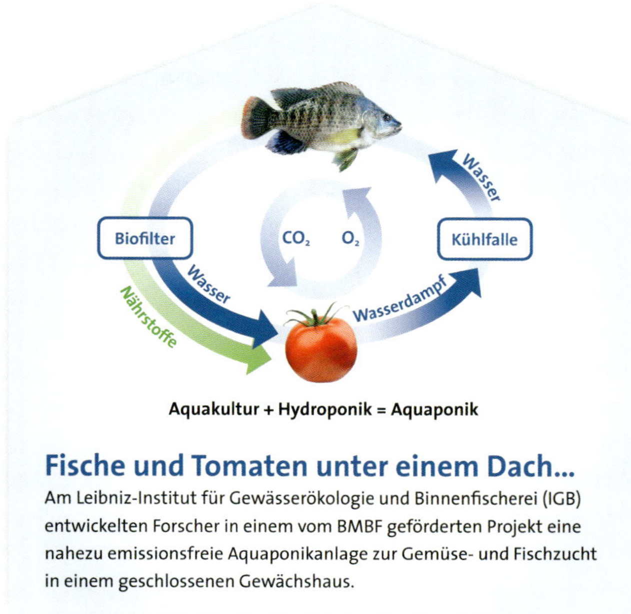

Abb. 2b Diese Grafik veranschaulicht die Stoffflüsse in der Aquaponikanlage, Grafik: UNICOM.

dieses wird in Kühlfallen rekondensiert und wieder der Aquakulturanlage zugeführt. Durch die Wasserrückgewinnung ist der Gebrauch von Frischwasser in diesem System minimal – statt 10-25 Prozent des Gesamtvolumens wie in herkömmlichen Anlagen, müssen weniger als 3 Prozent Frischwasser ersetzt werden. Diese Kombination von Fischzucht und Hydroponik über ein Einwegventil und die Wasserrückgewinnung sind eine einzigartige vom Leibniz-Institut für Gewässerökologie und Binnenfischerei in 38 Ländern patentierte Technologie: Die einzusetzenden Ressourcen werden also durch die doppelte Nutzung von Energie, Wasser und Nährstoffen maximal geschont. So können beispielsweise mit 220 lt. Wasser 1 kg Fisch und 1,6 kg Tomaten produziert werden. In herkömmlichen geschlossenen Fischkreislauf-

Abb. 3 Der Nil-Tilapia (*Oreochromus niloticus*) wird am IGB in der Aquaponikanlage zusammen mit Tomaten gezüchtet, Foto: IGB.

anlagen werden 600-1000 lt. Wasser eingesetzt um 1 kg Fisch zu erhalten und etwa 1000 lt. Wasser um 1,6 kg Tomaten zu züchten.

Das System eignet sich aufgrund der effizienten Wassernutzung besonders in trockenen Gebieten. In unseren Breitengraden ist eine Kombination mit Biogasanlagen sinnvoll: Die bei der Biogasproduktion entstehende Abwärme kann genutzt werden, um das Wasser in den Fischbecken zu erwärmen.

Biogasanlagen sind nicht unproblematisch, weil sie viel ungenutzte Wärme abgeben, Abwasser verursachen und CO_2 erzeugen. Mit der Wärme lässt sich das Wasser zur Haltung von Warmwasserfischen wie Tilapien heizen, und neben der Wärme kann das CO_2 in die Hydroponik eingeführt werden – das ist bestes Doping für das Pflanzenwachstum.

Das Praktische am Aquaponik-System: Es kann sowohl im großen Maßstab in der Landwirtschaft – zum Beispiel auf 1 000 oder sogar 10 000 m^2 – betrieben werden als auch im Kleinstformat. Im Berliner Veranstaltungsort Malzfabrik steht ein Aquaponik-Container, der gerade mal 15 m^2 misst. Das System ist sogar noch weiter verkleinerbar. Das heißt, solche Anlagen könnten auch in Städten betrieben werden, etwa auf Dachterrassen oder im Hinterhof. Damit bekommt Urbane Landwirtschaft eine neue Dimension: Nicht nur Pflanzen lassen sich nachhaltig anbauen, auch wertvolles tierisches Eiweiß kann mitten in der Stadt erzeugt werden. Und das bei minimalem Wasserverbrauch. Demnächst werden vielleicht in Berlin und anderen Städten Gewächshäuser stehen, in denen Fische und Gemüse gemeinsam unter einem Dach gezüchtet werden.

Abb. 4 Die Tomaten wachsen in Pflanzrinnen auf Steinwolle, so können die Wurzeln Wasser und Nährstoffe optimal aufnehmen, Foto: IGB.

Über die Möglichkeiten zur Renaturierung kleiner Fließgewässer

Jens Salva

Einleitung

Die Veränderung der Landschaft durch den Menschen aus unterschiedlichsten Gründen führte auch bei fast allen Fließgewässern zu einer mehr oder weniger starken Veränderung.

Erste Flussregulierungen sind schon aus frühgeschichtlicher Zeit bekannt. In der heutigen Zeit dienen sie in erster Linie dem Hochwasserschutz, der Wasserentnahme, der Bewässerung, Schiffbarmachung, Energiegewinnung sowie der Entwässerung von Feuchtgebieten und der Regulierung in landwirtschaftlichen Flächen. Für die Durchsetzung der jeweiligen Ziele wurden vielfältige Maßnahmen angewendet. Die Folgen für die betroffenen Ökosysteme waren fast immer negativ, z. T. katastrophal.
Gerade die kleineren Gewässer wurden jedoch schon sehr früh im Rahmen von Meliorationsmaßnahmen ausgebaut und durch Unterhaltungsmaßnahmen beeinträchtigt (DITTMAR 1955). Vor dem Hintergrund steigenden Umweltbewusstseins, landwirtschaftlicher Überproduktion und europaweiter Gesetzgebung (EU-WRRL) erlangen Renaturierungs- und Revitalisierungsmaßnahmen an Fließgewässern nicht nur wachsende Bedeutung, sondern werden an unterschiedlichsten Stellen schon erfolgreich umgesetzt (Skjern Au, Dänemark, 1999). Für die Erarbeitung von Renaturierungs- und Revitalisierungskonzepten ist aber eine genaue Kenntnis des aktuell vorhandenen und ehemaligen Artenspektrums sowie der vorhandenen Gewässerstrukturen unerlässlich.
Gegenstand der nachfolgenden Ausführungen sind ausschließlich Gewässer zweiter Ordnung und damit die kleinen Bäche in der Landschaft.
Gerade diese kleineren Fließgewässer wurden oftmals schon sehr früh ausgebaut, um Feuchtgebiete und landwirtschaftliche Flächen zu entwässern und die Flächen damit landwirtschaftlich anders nutzen zu können, beispielsweise für Gemüseanbau oder Baumschulen. In erster Linie kommt es bei diesem Gewässerausbau zu Laufverkürzungen durch das Abschneiden der Mäander und dem Wegfall des natürlichen Retentionsraumes des Gewässers. Um Hochwässer zu vermeiden erfolgt in der Regel eine Vergrößerung des Gerinnequerschnittes (Trapezprofil) und des Gefälles. In zahlreichen Fällen erfolgte der Einbau von Querbauwerken. Diese sollen den infolge des verkürzten Laufes beschleunigten Abfluss wieder bremsen, um die Fließgeschwindigkeit durch die Laufverkürzung zu minimieren. Die Schaffung größerer Durchflussprofile führte zur Entfernung der Ufergehölze. Dies und die Begradigung ergaben den Verlust an Strukturvielfalt im Ufer- und Strombereich. Als Folge der erhöhten und beschleunigten Abflüsse kommt es zur Vertiefung der Gewässersohle. Die Änderung der Strömungsverhältnisse bedingt eine Veränderung der Habitatstruktur. Es kommt zu einer Versandung der Sohle durch das zu breite Gewässerbett im Niedrigwasserprofil (SCHÖNBORN 1992). Verbunden mit der Verbreiterung und Begradigung des Gewässers veröden die oftmals baumlosen Uferbereiche. Fehlende Beschattung führt dann zu übermäßigem Krautwuchs und starker

Aufheizung des Gewässers. Solche künstlich angelegten Fließgewässer sind oft wenig belebte Abflussrinnen, die für Tiere und Pflanzen kaum Besiedlungsmöglichkeiten bieten und eine intensive Gewässerunterhaltung erfordern. Die anthropogene Umgestaltung der Gewässerläufe bedingte auch eine Veränderung der ursprünglichen Habitate und den davon abhängigen Arten. Die enge Bindung vieler Fischarten an bestimmte Strukturen wurde bereits in zahlreichen Untersuchungen dargelegt (Bless 1983; Bohl 1988). Die Voraussetzungen für Revitalisierungen von Gewässern sind neben einer genauen Kenntnis der Defizite am Gewässer die zur Verfügung stehenden Möglichkeiten zur Verbesserung.

Viele Fließgewässer weisen dank modernster Klärtechnik wieder eine adäquate Wasserqualität auf, die ausbaubedingten Probleme sind dagegen größtenteils noch geblieben. Doch was tun, wenn die Mittel knapp und der Handlungsbedarf groß ist. Gerade in unserer Region, die nicht mehr als Natur- sondern als Kulturlandschaft bezeichnet wird, sind viele Gewässer als vorläufig erheblich verändert eingestuft. Die EU-WRRL sieht für diese Gewässer als Ziel nicht den so genannten guten ökologischen Zustand, sondern das gute ökologische Potential vor. Dieses definierte Ziel trägt dabei intensiv genutzten und/oder dicht besiedelten Gebieten Rechnung, in denen die Erreichung des guten ökologischen Zustandes nicht oder nur unter erheblichen wirtschaftlichen Einbußen zu erreichen wäre. Doch auch für diese Fließgewässer gibt es eine Vielzahl von Möglichkeiten der ökologischen Verbesserung.

Anhand von drei konkreten Beispielen soll daher in den nachfolgenden Abschnitten gezeigt werden, wie aus stark anthropogen beeinflussten Habitaten durch gezielte Maßnahmen eine Verbesserung des vorhandenen Lebensraumes resultiert.

Revitalisierung des Eschenbachs

Hintergrund

Der Eschenbach ist ein kleines Geestgewässer mit einer Länge von ca. 4 km. Es entspringt ca. 6 km nordwestlich des Flecken Harpstedts im Bereich der Ortslage Schulenberg (LK Oldenburg). Die durchschnittliche Gewässerbreite beträgt etwa 1-2 m. Als Gewässer 2. Ordnung unterliegt es der Unterhaltungspflicht durch den Ochtumverband Harpstedt. Die Unterhaltung des Gewässers wurde bis zum Jahre 2006 als maschinelle Unterhaltung mit einem Mähkorb durchgeführt. Als Folge der maschinellen Gewässerunterhaltung war das Gewässer strukturell verarmt und hatte seine natürliche Dynamik verloren.

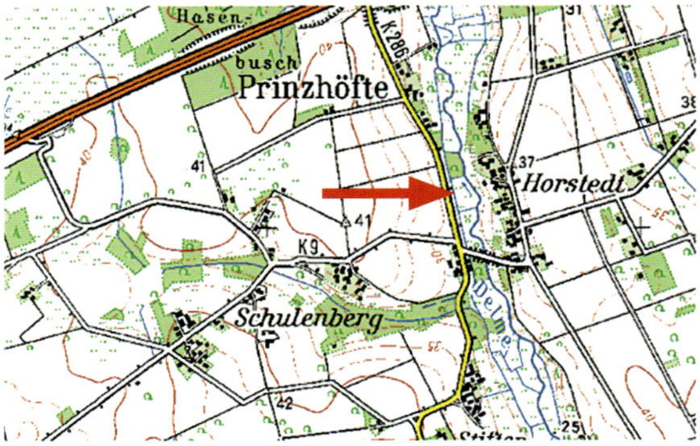

Abb. 1 Lage des Projektgebietes, Quelle: LGN TOP 50 Niedersachsen.

Mit Beginn des Jahres 2006 übernahm der ASV Harpstedt die Unterhaltung in Form von Handunterhaltung. Darüber hinaus wurden in Zusammenarbeit mit dem Landesfischereiverband Weser-Ems e. V. -Sportfischerverband- und den Fischereivereinen Twistringen und Delmenhorst sowie dem Unterhaltungsverband (Ochtumverband Harpstedt) Maßnahmen zur Verbesserung der Gewässerstruktur ergriffen.

Ziel

Ziel der Maßnahme war die Wiederherstellung hochwertigen Lebensraumes für Lachs, Meerforelle, Neunauge und Bachmuschel und damit die Revitalisierung eines ausgebauten und strukturarmen Niederungsgewässers.

Durchführung

Durch den gezielten Einbau von Strukturelementen (Reisigfaschinen, Totholz, Kies, Störsteine) wird das Niedrigwasserprofil des als Trapezprofil ausgebauten Gewässers eingeengt (Abb. 3). Da sich mit der Einengung des Niedrigwasserprofils die Schleppkraft des Wassers erhöht, werden die starken Feinsedimentablagerungen abgetragen. Damit werden die ehe-

Abb. 2 Ausgangszustand, Foto: B. Schweers.

Abb. 3 Gestaltung des neuen Bachverlaufs.

mals übersandeten Kiessubstrate freigespült. Das Gewässer erhält wieder eine Dynamik, ohne dass der Wasserabfluss gefährdet ist. Es kommt zur Ausbildung von Kolken, Flachwasserbereichen und damit zu einem vielgestaltigen Lebensraum (Abb. 4).
Als zentraler Punkt ist dabei die Verbesserung der Laich- und Aufwuchshabitate für die an diese Strukturen angepassten Organismen zu sehen (Bachmuschel, Neunaugen, Lachs und Meerforelle).

Ergebnis

Die strukturelle Aufwertung des Gewässers spiegelte sich sehr schnell in der Biozönose wider. Bereits während der Durchführung des Projektes wurde das Gewässer wieder von anadromen Wandersalmoniden als Laichgewässer angenommen. Mittlerweile weist der Eschenbach ein reichhaltiges Fischartenspektrum auf. Kieslaichende Arten wie die Meerforelle können sich wieder selbstständig reproduzieren und obwohl das Gewässer nur eine durchschnitt-

Abb. 4 Gleicher Abschnitt wie Abb. 2 drei Jahre nach Fertigstellung.

liche Breite von etwa 70 cm hat, ziehen Tiere von knapp 90 cm Länge in das Gewässer um dort abzulaichen.

Von der neu gewonnenen Vielfalt profitieren jedoch nicht nur die diversen Fischarten. Auch die Flora im und am Gewässer hat sich reichhaltig entwickelt. Im Rahmen des Projektes konnte so ein ca. 1400 m langer Gewässerabschnitt deutlich verbessert werden. Der Eschenbach stellt sich heute wieder als strukturreiches Gewässer mit einer großen Substratdiversität, Tiefen- und Breitenvarianz dar.

Renaturierung des Holtorfer Baches

Hintergrund

Der Holtorfer Bach ist ein rechtsseitiger Zufluss zur Hunte in der Gemeinde Colnrade (Abb. 5). Das in den 50er-Jahren ausgebaute Nebengewässer hat ein Einzugsgebiet von etwa 8 km² und wird vom FV Colnrade betreut. Im Unterlauf wurde der Holtorfer Bach begradigt und zeigte einen geradlinigen und strukturarmen Verlauf (Abb. 6). Die durchschnittliche Sohlbreite lag bei etwa 1 m. Durch wiederkehrende Unterhaltungsmaßnahmen war eine eigendynamische Entwicklung nicht möglich. Hohe Sandfrachten und gleichförmige Sohlenstruktur prägten das Gesamtbild.

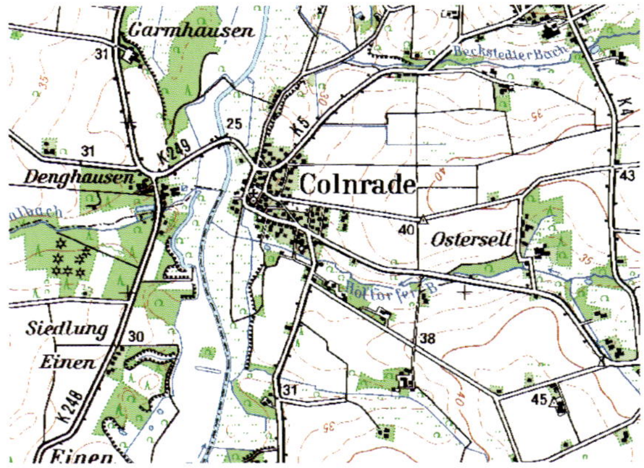

Abb. 5 Lage des Projektgebietes, Quelle: LGN TOP 50 Niedersachsen.

Abb. 6 Ausgebauter und unterhaltener Abschnitt des Holtorfer Baches.

Ziel

Ziel der Maßnahme war die Wiederherstellung von naturraumtypischen Bach- und Auenstrukturen und damit die Schaffung eines hochwertigen Lebensraumes für die dafür typischen Tier- und Pflanzenarten. Insbesondere sollte das Gewässer wieder die Funktion als Lebensstätte für Kleinfische, Salmoniden aber auch Neunaugen erlangen.

In der Vergangenheit musste das Gewässer wiederholt maschinell unterhalten werden, um den schadlosen Abfluss des Wassers zu gewährleisten.

Die Gesamtproblematik vor Augen, war es das Ansinnen des Vereins die bestehende Situation zu verbessern. Aus dem stark beeinträchtigten unteren, etwa 200 m langen mündungsnahen Abschnitt zur Hunte, sollte wieder ein strukturreiches Gewässer mit vielfältiger Sohlenstruktur entstehen. Gleichzeitig sollten die Belange der Gewässerunterhaltung so Berücksichtigung finden, dass ein direktes Eingreifen in den Bach nicht mehr notwendig ist. Als Lösung wurde die Herstellung einer Sekundäraue gewählt, sodass auch die Tier- und Pflanzenarten dieser typischen feuchten Standorte gefördert werden.

Abb. 7 Unterlauf Holtorfer Bach während der Baumaßnahme.

Abb. 8 Sommer 2012.

Da bei der Neugestaltung des Holtorfer Baches auch der Unterlauf verlegt wurde, konnte noch ein Teil eines ehemaligen Huntealtarmes wieder hergestellt werden.

Durchführung

Im Maßnahmenabschnitt wurde das Gewässer aus seinem derzeitigen Bett in Teilabschnitten verlegt, um den naturnahen Verlauf mit angrenzender Aue (Sekundäraue) zu schaffen (Abb. 3). Hierzu wurde der anstehende Oberboden mit einem Bagger auf einer Breite von etwa 10-20 m bis in die entsprechenden Tiefen abgetragen. Danach erfolgte die Profilierung des neuen Gewässerverlaufes. Durch den gezielten Einbau von Strukturelementen (Totholz, Kies) wurde so

Abb. 9 Hochwasser in der Aue kurz nach Fertigstellung.

ein reichhaltig strukturierter Gewässerabschnitt geschaffen.

Ergebnis

Der Bach weist wieder eine deutlich wahrnehmbare Strömung mit wechselnden Geschwindigkeiten, Wassertiefen und Uferstrukturen auf. Die eingebrachten Kiessubstrate wurden bereits von Neunaugen und Bachforellen als Laichhabitate angenommen und auch die Aue entwickelt ein reichhaltiges Leben (Abb. 8). Die Amphibienpopulation profitiert von den vielen Flachwasserbereichen. Gleichfalls zeigt die Aue bei Hochwasser die gewünschte Funktion zur Sedimentdeposition (Abb. 9).

Im Rahmen der Öffentlichkeitsarbeit erfolgten zahlreiche Führungen. Der beteiligte Personenkreis setzte sich aus Vertretern verschiedener Wasser- und Bodenverbände, Landkreise, Naturschutzverbände, des NLWKN und der Umweltstiftung des Landkreises Diepholz zusammen.

Renaturierung der Welse im Bereich Tiergarten

Hintergrund

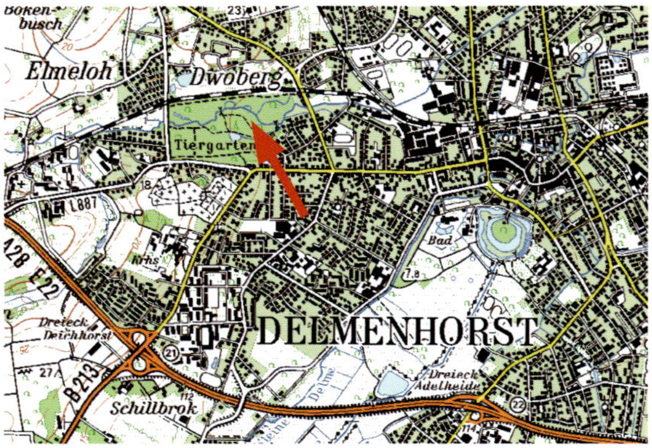

Abb. 10 Lage des Projektgebietes, Quelle: LGN TOP 50 Niedersachsen.

Die Welse ist ein linksseitiger Zufluss zur Delme (Ochtumgebiet) mit einer Länge von ca. 20 km. Wie viele andere Gewässer im nordwestdeutschen Tiefland wurde auch die Welse in Abschnitten begradigt und hat so die natürliche Dynamik verloren. Dieser Ausbau erfolgte verstärkt auch im Stadtbereich von Delmenhorst. Im Abschnitt des Tiergartens (Abb. 10) wurden ebenfalls die ehemaligen Mäander abgeschnitten und der Gewässerverlauf verkürzt. Zwei Stauanlagen hielten über viele Jahre den Wasserstand auf einem bestimmten Niveau. Nach dem Ersatz einer Stauanlage durch eine Sohlengleite und gleichzeitigem Legen der zweiten Anlage stellte sich der etwa 900 m lange Verlauf der Welse als strukturarmes Gewässer mit geringer Dynamik dar (Abb. 11).

Abb. 11 Strukturarmer Abschnitt der Welse innerhalb des Projektgebietes.

Ziel

Das Ziel dieses Projektes war die Wiederherstellung des vorhandenen Lebensraumes für bachtypische Tier und Pflanzenarten (insbesondere kieslaichende Fischarten (z. B. Neunaugen, Meerforellen etc.) sowie die Revitalisierung eines ausgebauten und strukturarmen Niederungsgewässers durch Erhöhung von Strukturdiversität, Tiefen- und Breitenvarianz sowie der Strömungsdiversität.

Durchführung

Im Frühjahr 2011 erfolgte der gezielte Einbau von Strukturelementen (Totholz, Kies) im Projektabschnitt der Welse durch Mitglieder des FV Delmenhorst e.V. von 1896. Hierdurch wur-

Abb. 12 Einbau einer Kiesbank.

Abb. 13 Fertige Treibselfänge als Strukturelemente und Strömungslenker.

Abb. 14 Kolkbildung hinter der Kiesbank (Aufnahme ca. 3 Wochen nach Fertigstellung).

de das Niedrigwasserprofil des als Trapezprofil ausgebauten Gewässers eingeengt (Abb. 11, Ausgangszustand). Da sich mit der Einengung des Niedrigwasserprofils die Schleppkraft des Wassers erhöht, werden Feinsedimentablagerungen abgetragen, welche bis zum Projektbeginn die Entwicklung einer artenreichen Biozönose erschwerten.

Damit werden übersandete Kiessubstrate freigespült und das Gewässer erhält wieder eine Dynamik, ohne dass der Wasserabfluss gefährdet ist. Es kommt zur Ausbildung von Kolken,

Abb. 15 Gewünschte Strukturveränderung ca. 1 Jahr nach Fertigstellung.

Flachwasserbereichen und damit zu einem vielgestaltigen Lebensraum (Abb. 12-15).

Ergebnis

Bereits während der Maßnahmendurchführung wurden Veränderungen in der Strömungsgeschwindigkeit erkennbar. Etwa drei Wochen nach Durchführung der Gesamtmaßnahme zeigten sich Veränderungen in der Tiefenvarianz. Feine Sedimente wurden abgetragen und die ersten Kolke entstanden. Die eingebauten Treibselfänge waren schon teilweise mit Astwerk zugesetzt, sodass sie sowohl die Funktion als Besiedlungssubstrat für Makroinvertebraten als auch die Funktion als Strömungslenker erfüllten.

Da der Einbau der Kiesbänke bereits vor dem Beginn der Laichzeit der Neunaugen erfolgte, wurden die neu geschaffenen Laichhabitate im Mai 2011 dann auch zahlreich von Neunaugen zum Ablaichen genutzt.

Obwohl es noch einige Zeit dauern wird, bis die Maßnahmen ihre volle Wirksamkeit entfalten werden (zur Ausbildung der gewünschten Tiefenvarianz sind Hochwasserereignisse erforderlich!), übertreffen die bisherigen Ergebnisse die Erwartungen.

Neben dem Gewinn für den Lebensraum „Bach" konnte jedoch auch das Umweltbewusstsein zahlreicher Bürger, die den Tiergarten als Naherholungsgebiet nutzen, gesteigert werden. Durch den Einbau der Strukturelemente wirkt das Gewässer nicht nur optisch „lebendig", sondern ist auch wieder als plätschernder Bach hörbar.

Literatur

Bless, R. (1983): Untersuchungen zur Substratpräferenz der Groppe. Senckenbergiana, 63, S. 161-165.

Bohl, E. & Lehmann, R. (1988): Zur Bedeutung der Struktur von Fließgewässern für das Fischleben. Arb. Dt. Fischerei-Verb., 46, S. 27-41.

Dittmar, H. (1955): Ein Sauerlandbach. Untersuchungen an einem Wiesen-Mittelgebirgsbach. Arch. Hydrobiol. 109, S. 541-565.

Schönborn, W. (1992): Fließgewässerbiologie. Gustav Fischer Verlag, Stuttgart.

Seite 113-124

Lachs, Meerforelle und Stör – Wanderer der Flüsse und Meere

Günter Brüning

Der Atlantische Lachs *Salmo salar*

Der Atlantische Lachs zählt zu den Salmoniden. Die Einschätzung „Er ist ursprünglich in allen Gebieten des Nordatlantik beheimatet" gehört längst der Vergangenheit an. In weiten Teilen seines Verbreitungsgebietes sind die ehemaligen Bestände erloschen und werden mit großem Aufwand wieder etabliert.

Heimisch im Süß- und Salzwasser: Der Lebenszyklus des Lachses

Der Lachs verlässt das Süßwasser nach zwei bis drei Jahren und wandert bis über die Kontinentalscheide bei Island zwischen Grönland und nordamerikanischen Kontinent, wo er in ein paar Jahren groß und stark wird. Dann erst erwacht sein Wandertrieb, und er strebt an seinen Geburtsort zurück. Gelenkt durch seine Sinne verliert er beim Eintauchen in den Fluss, der zu seinem Geburtsbach führt, das Verlangen nach Futter. Von nun an liefert sein reiches Fettpolster die nötige Energie für die Wanderung (bis nach Böhmen oder bis nach Basel) und auch für das Laichen. Ein kleiner Anteil dieser Tiere gewinnt nach dem Laichen genügend Lebensenergie zurück, um ein weiteres Mal – auch wiederholt – die weiten Wanderungen anzutreten. Ganz im Gegensatz dazu sterben die sechs pazifischen Lachsarten am Laichbett oder in dessen Nähe.

Abb. 1 Männlicher „Hunte"-Lachs im Hochzeitskleid. Dieser Lachs schwamm 2005 durch Oldenburg. Das geschah seit Beginn der 1980er-Jahre des vergangenen Jahrhunderts immer wieder und seit dem Bau der „Fischaufstiegshilfe" 2010 in Oldenburg am E-Werk immer häufiger. Dieses prächtige Tier war inzwischen über Weser und Hunte in einen der Bäche der Wildeshauser Geest heimgekehrt, in der es auch seine ersten Jahre zugebracht hatte, Foto: Günter Brüning.

Als Heimat der Lachse und auch unserer Meerforellen gilt der Bachgrund, wo sie aus den dort unter Steinen versteckt abgelegten Eiern schlüpfen. Viele Geestbäche enthalten die während der Eiszeiten aus Skandinavien abgelagerten Kiesel- und Gesteinspackungen. In deren Lücken versteckt verbringen die frisch geschlüpften Tiere ihre ersten Tage und Wochen.

Zwei bis drei Jahre leben sie im Geburtsbach, ständig bedroht von vielen Fressfeinden, am meisten aber vom Menschen, der immer wieder das im Sommer kühlende Ufergehölz entfernt und Sauerstoff zehrende und damit tödliche Abwässer einleitet. Haben die Jungen dies überlebt, ziehen sie aus den Bächen in größere Gewässer, schließlich in den Fluss, wo sie in dessen Mündungsbereich zunächst verweilen. Im Brackwasser der Meeresküste wird der Stoffwechsel an den Salzgehalt des Meeres angepasst.

Abb. 2 Der Frazer River in Vancouver, British Columbia ist der lachsreichste Fluss der Welt, Foto: Günter Brüning.

Abb. 3 Die Hunte in Oldenburg wurde im 21. Jahrhundert wieder zum Lachsfluss, Foto: Günter Brüning.

Dabei ist es nicht so, dass die Heimat der Lachse sprudelndes, kristallklares Wasser sein müsse, wie es die in zahllosen und dauernd wiederkehrenden Fernsehfilmen über Alaska, Kamtschatka und Kanada gezeigten Bilder vorgeben. Zumindest der Weg in den Heimatbach und das Laichbett darf durch „warmes“ und auch „schmutzig“ anmutendes Wasser führen. Zwei Bilder mögen dies andeuten (Abb. 2, 3).

Lachse – zwischen Überfluss und Rarität

Um 1900 war der Lachs eine bedeutende Komponente der Ernährung für einen breiten Teil der

Bevölkerung. Der dem Lachs beigemessene Wert ist daran zu ermessen, dass der Deutsche Fischereiverband von 1885 bis 1905 jährlich etwa 5,5 bis 6 Millionen Brütlinge, davon etwa die Hälfte Lachse, ausgesetzt hatte. Allein im Rheingebiet waren es 1905 ca. 1 600 000 Exemplare. Dazu sind noch die von den Provinzialverbänden (Elsass-Lothringen, Schweiz, Hessen, Baden) jährlich ausgesetzten 300 000 Stück zu rechnen.

Im Zusammenhang mit der intensiven Nutzung der Lachsbestände wurde auch in Norddeutschland intensiv gezüchtet und ausgewildert. Die Abbildung 4 stammt aus den Mitteilungen des Landesfischereivereins Oldenburg 1911, Band 1, Nr. 1, S. 6. Nach dieser Quelle gab es damals im Oldenburger Land noch zwei weitere Lachsbrütereien, mit deren Hilfe man versuchte, die immer schmerzlicher verschwindenden Bestände dieses Fisches aufzupäppeln. Es waren dies Essemüller, Goldenstedt und Börgerding, Spreda. Hinzu kam eine Großanlage in Lingen an der Ems, die der Deutsche Fischereiverband betrieb und die für die Versorgung vieler Gewässer des Deutschen Reiches (einschl. Elsaß-Lothringens) sorgen sollte.

Immer wieder wird in diesem Zusammenhang von einem Überfluss an Lachsen berichtet, der aber nach den Recherchen des Autors relativiert werden sollte. Die Zahl soll so groß gewesen sein, dass in Bremen Vereinbarungen

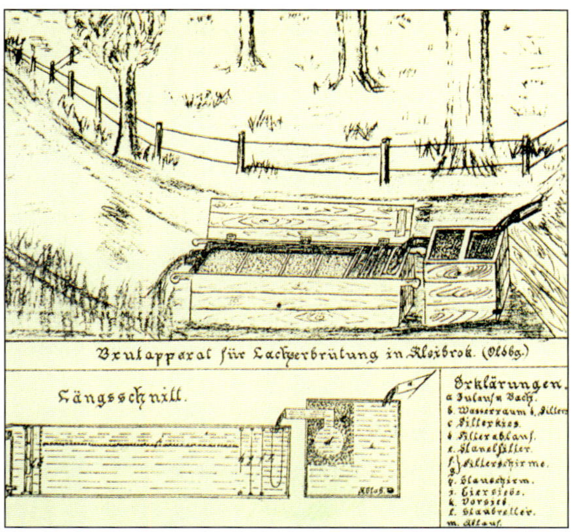

Abb. 4 Lachserbrütung bei Brötje in Kleibrok (Rastede) 1910.

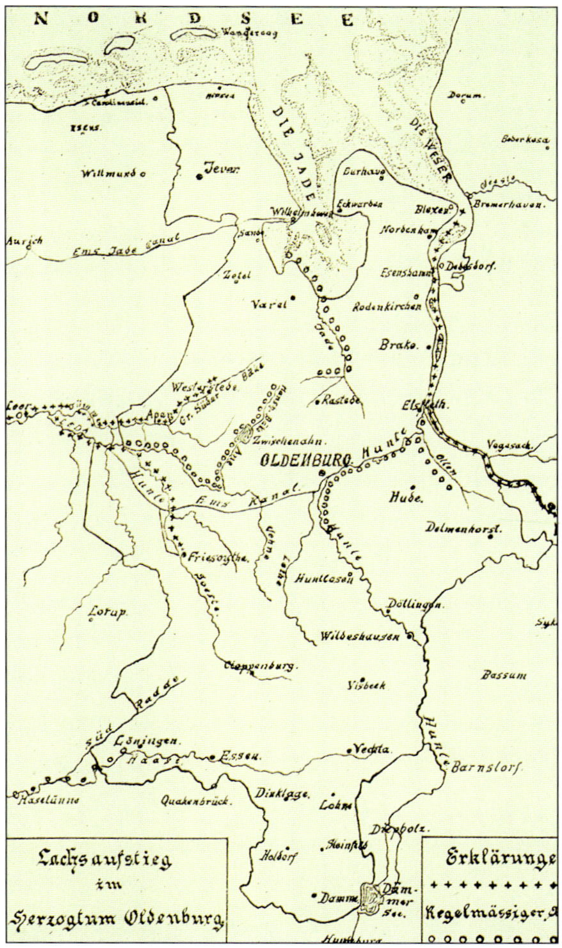

Abb. 5 Der Aufstieg der Lachse im Oldenburger Land wurde schon 1910 sorgfältig dokumentiert.

Abb 6. Atlantischer Lachs aus der Sammlung des Landesmuseums Natur und Mensch Oldenburg. Dieses Exemplar wurde vor 1890 gesammelt, Foto: Wolfgang Kehmeier

bei Arbeitsverträgen getroffen wurden, die die Lachsmalzeiten begrenzten: „Es machten Dienstboten gleich zu Beginn eines neuen Arbeitsverhältnisses vertraglich aus, dass nicht häufiger als zwei Mal wöchentlich Lachs auf den Tisch kommen dürfe".

Die Geschichte mit den Dienstboten wird immer wieder kolportiert; fast regelmäßig, wenn Parteipolitiker, Minister, Verbandsvertreter oder hohe Beamte auf einschlägigen Versammlungen Grußworte sprechen. Und das nicht nur längs Weser und Ems, sondern von Prag bis Hamburg und von Basel bis an den Niederrhein.

Im Übrigen gilt es zu bedenken, dass der zum Laichen aus dem Meer aufsteigende Blanklachs nur zeitlich begrenzt einen Essgenuss bietet. Erfolgt die von der Buntfärbung begleitete hormonelle Umstellung auf die Vermehrungsphase, verliert der Lachs seinen Wohlgeschmack. Aber auch hieraus ergibt sich kein Nachweis einer allgemeinen Abwehr zu häufigen Lachsmahlzeiten durch die Dienstboten, weder in Bremen noch an anderer Stelle.

Beim Streifzug durch die Speisepläne von Armenhäusern und Klöstern durch die Jahrhunderte fehlt der Lachs. Man darf wohl annehmen, dass sein massenhaftes Auftreten überhaupt nur selten durch besondere ökologische Gunst und nur in sehr kurzen Zeiträumen stattgefunden haben kann. Solche Beispiele gibt es tatsächlich, so aus Böhmen, heute Tschechien, wo der Zustrom laichwilliger Lachse so groß war, dass kleine Heimatbäche ihre Mengen nicht zu fassen vermochten.

Die Wiedereinbürgerung – eine Erfolgsgeschichte

Nur im Norden Europas, auf den britischen Inseln, auf Irland, Island und in Skandinavien überdauerten stabile Populationen die vernichtenden Auswirkungen der Industrialisierung. Als Folge starker Verunreinigungen, Aufstauungen, Kanalisierungen, von Mühlenstauen, Absenkungen der Wasserstände, Zerstörungen und der Entfernung von Uferbewuchs und eiszeitlichen Substraten (sog. „Grundräumung" bis in die jüngste Zeit) und wachsender Sandbelastung der Bäche und Flüsse verschwanden die ursprünglichen Lachsstämme. Mit ihnen gingen die in vielen tausend Jahren entwickelten, auf die „eigenen" Heimatbäche der hohen Geest eingestimmten Erbinformationen verloren.
Noch 1910 konnte KONKEN berichten, dass in Ollen, Hunte, Jade und Ems (Soeste bis Friesoythe) und anderen nordwestdeutschen Bäken Lachse laichten. Oft werden es wohl auch Meerforellen gewesen sein, die selbst Fachleute oft nur schwer vom Lachs unterscheiden können. Weser und Ems und mit ihnen die zufließenden Geestbäche verloren dann in der Zeit um den ersten Weltkrieg ihre Wandersalmoniden – ebenso wie Elbe und Rhein.
Nachdem die in den 60er und 70er-Jahren von „modernen" Reinigungsmitteln (Detergentien) bedingten Schaumberge auf den Fließgewässern immer höher gewachsen und viele Fischarten verschwunden waren, besann sich die Politik des Wertes sauberer Gewässer, sorgte für bessere Waschmittel und baute Kläranlagen in den Kommunen, die den Namen verdienten. Bis in die 1970er-Jahre hatte nicht einmal Bremen ein Klärwerk, d.h. die Fäkalien und Abwässer von mehr als einer halben Million Einwohnern verschmutzten ungereinigt die Weser.
Aber Besserung war in Sicht. Dies erkannten auch die Sportfischer in Weser-Ems und beschlossen, den ersten Schritt zu wagen: „Die Wiedereinbürgerung des Lachses in der Ems begann 1978 und war damit das erste Projekt dieser Art in Deutschland und eines der ersten in Europa... Initiiert hatte es Landwirtschaftsdirektor Günter Brüning ...", schrieb E. Brumund-Rüther in: „Fisch des Jahres 2000 – Der Lachs".
Die bange Frage war 1975/76: Wo gibt es noch gesunde Lachse in Kontinentaleuropa? Die Beschaffung der befruchteten Lachseier war ein unbekanntes Gebiet, wie so vieles vom heimischen Lachs, dessen Vergangenheit doch so nahe war. Die Wahl fiel auf den Namsenlachs, der den Verfasser 1975 in Norwegen während eines Familienurlaubs in den Bann geschlagen hatte.
Anders als über die Technik des Erbrütens , die man schnell beherrschen konnte, wurde 1978 u.a. aber noch gerätselt, wie sich die Eier von der Insel Otteröja im Namsenfjord nach Weser-Ems schaffen ließen. Einer Umsetzung des Planes eines Fluglehrers auf dem Fliegerhorst Oldenburg, diese – der erforderlichen Schnelligkeit des Transportes wegen – auf einem Schulungsflug aus Norwegen als „Proviant" mitzubringen, bedurfte es jedoch nicht mehr. Es ging dann auf einem den Sportfischern zunächst noch unbekannten, durchaus aber längst „üblichen" Versandwege per Luftfracht von Namsos nach Hamburg, von wo nach veterinärpolizeilicher Passage im Zoll ein Eilbote sie in die hiesigen Brutanlagen holte.

Abb. 7 Aufstiegshilfe für wandernde Salmoniden: Die Fischtreppe am Elektrizitätswerk an der Hunte in Oldenburg, Foto: Ulf Beichle.

Auf Otteröja war eine gut geführte, dem Verfasser wohlbekannte Lachsstation eingerichtet, in der gut sortierte und gesunde Wildlachse der besonders starken Population aus dem Namsen zur Laichgewinnung gehältert wurden. Mit ihnen ließ sich die Wiederbesiedlung gut an. Das zeigte sich alsbald an den vom Landesfischereiverband Weser-Ems gespendeten Eiern, die in der Ems, im Dünsener Bach (SFV Delmenhorst) und in der Oste (SFV Lamstedt) erfolgreich erbrütet worden waren. Seit dem Beginn der 80er-Jahre gab es laufend Meldungen über Heimkehrer.
Noch heute, über 30 Jahre danach, zeigen DNS-Analysen, dass der Namsenstamm noch immer vorhanden ist, obwohl man inzwischen aus veterinärrechtlichen Gründen mit Tieren anderer Herkunft auffrischen musste.
Womit aber begründete man nach langer Diskussion mit Beschluss von 1978 in Oldenburg, sich an die Wiedereinbürgerung des Lachses und der Meerforelle heranzuwagen?
Im Mitteilungsblatt „Sportfischer in Weser-Ems" abgedruckt*:

1. „Das Maximum der Verschmutzung der Fließgewässer ist überwunden. Die Anwesenheit von Lachsen und Meerforellen wird ein Zurückdrehen der Uhr verhindern. Die Abwasserlast wird dank dieser symbolträchtigen Fische beschleunigt zurückgeführt werden (strategischer Ansatz).
2. Der lebensfeindliche Gewässerverbau mit Sohlschwellen und Verschlammungen wird beendet, zumal abzusehen ist, dass die Folgekosten (Unterhaltung und Reparatur) der Tieferlegung, Begradigung, Befestigung (Bongossi, Beton) zu hoch werden, wenn die Subventionen schrumpfen.
3. Die Gesellschaft wird das Bundesnaturschutzgesetz verwirklichen wollen und mit § 1,1 des Gesetzes auch dieses Programm der Wiedereinbürgerung stark stützen.
4. Die straff organisierte Fischerei – unterstützt von den einsichtigen Gewalten des Staates – wird einen neuerlichen Raubbau dieser wertvollen Arten – bis zur Ausrottung verhindern können.

* Vgl. hierzu: Fisch des Jahres 1996 – Die Meerforelle, hrsg. vom Verband Deutscher Sportfischer, Zitat S. 49 ff.

Dass alle diese hochfliegenden Gedanken nicht national, sondern erst mit der Europäischen Wasserrahmenrichtlinie übernational aufgegriffen und dann erst in praktische Politik umgemünzt wurden, ist ein Kennzeichen unseres Landes, in dem der Glaube, alles sei technisch machbar, immer noch vorherrscht und die Nachhaltigkeit im Umgang mit der Natur oft auf der Strecke bleibt (trotz BNat.Sch.Ges..§ 1,1).

Die Meerforelle – *Salmo trutta trutta*

Die Meerforelle ist diejenige Art aus der Gruppe der Wandersalmoniden, die sich bei der Wiedereinbürgerung seit 1978 als besonders gut geeignet für die hiesigen Verhältnisse erwiesen hat. In Schleswig-Holstein und in Nordniedersachsen war diese Art nicht erloschen, wohl weil dort die Kanalisierung der Bäche nicht so „gründlich" vorgetrieben worden war.

Abb. 8 Eine Meerforelle, gefangen am Wasserkraftwerk in der Hunte bei Oldenburg im Jahr 2003, Foto: Günter Brüning.

Zwischen Weser- und Ems hat sie in vermutlich nur kleinsten Restpopulationen überlebt, so möglicherweise in der Woppenkamper Bäke, Kreis Friesland, wo sie sich etwa 8 km unterhalb des Jadebusens spärlich über die Runden gerettet hatte. Aber auch dieser Bestand erlosch mit der Kanalisierung und Entfernung des Kiessubstrates dieses Baches in den 60er-Jahren des vorigen Jahrhunderts. Inzwischen wird unter hohem Aufwand an einem neuen Stamm durch den Sportfischerverein Friesische Wehde e.V. Zetel gearbeitet. Dieser Bach sei der letzte naturbelassene des Kreises Friesland, so die Aussage eines zuständigen Bediensteten des Landkreises Friesland 2008 im Forstamt Neuenburg. Wie der Lachs ist die Meerforelle auf ein steiniges Bachbett angewiesen. Das Weibchen schlägt mit dem Schwanz eine tiefe Laichgrube, in die sie die Eier legt, die dann vom „Männchen“ besamt werden. Anschließend werden Steine und Geröll über das Gelege gewälzt.

Abb 9. Kies und Schotter im Bett der Ammerländer Bäke. Der mäandrierende Oberlauf ist ideal für Lachsfische, Foto: Günter Brüning.

Anders als der Lachs bleibt die Meerforelle in Küstennähe und durchstreift dort das Meer. Sie wächst zu stattlichen Exemplaren heran, die über 100 cm hinausgehen.

Der Europäische Stör – *Acipenser sturio*

Der Europäische Stör kommt im Gebiet des nordöstlichen Atlantiks nur noch so vereinzelt vor, dass er keine Möglichkeit mehr hat, sich zur Paarung zu finden.

Noch vor anderthalb Jahrhunderten strich er in großer Zahl die Küsten entlang und schwamm, wenn die Zeit gekommen war, bis weit hinauf ins Binnenland, um sich fortzupflanzen. Er war bis zum Beginn der Neuzeit in allen größeren Flüssen Mitteleuropas heimisch. Mit den wandernden Lachsen und Meerforellen war er von großer Bedeutung für die Ökologie der Fließgewässer.

Mit bis zu 5 Millionen Eiern gelangten beim Laichen große Nährstoffmengen in die nährstoffarmen Oberläufe. Dabei geschah die Ablage an den Stellen, die auch von Lachsen und Meerforellen genutzt wurden, jedoch nicht im Kies. Die geschlüpften kaulquappenartigen Larven entwickelten sich ebenfalls im Interstitial,

Abb. 10 Ein Europäischer Stör aus dem 19. Jahrhundert blieb als hervorragendes Präparat in der Sammlung des Landesmuseums Natur und Mensch in Oldenburg erhalten. Er wurde vor 1890 in der Ems gefangen, Foto: Wolfgang Kehmeier.

jedoch in wenigen Stunden. Die Laichzeit lag zwischen April und Juli, beim Lachs dagegen im Dezember und Januar. Die Meerforelle laicht zwischen Dezember und März.

Hierzulande gab es sie einst in großer Zahl und in heute unvorstellbaren Größen. Noch 1931 berichtete der Vorsitzende des Landesfischereivereins Hartig, Oldenburg, von einem in Friesoythe unterhalb der Wassermühle gefangenen Stör im Gewicht von 400 Pfund. In seinem Aufsatz: „Die Weser als Lachsfluss“ zitiert Konken Herrn Dir. Flerlage, Osnabrück: „Auch einzelne Störe bis zu 200 Pfund, soweit ich sie gesehen und mir bekannt geworden, wurden auf ihren Forschungsreisen unterwegs oder in Quakenbrück, wo sich ihnen unübersteigbare Hindernisse in den Weg stellen, mit Äxten, Dreschflegeln, Mist- und Heugabeln überfallen, zur Schau gestellt und endlich verspeist“.

In der Naturkundlichen Chronik Nordwestdeutschlands von Hamm, Landbuch Verlag Hannover 1978, findet sich der Hinweis auf

Abb. 11 Stör, Zeichnung: Günter Brüning

den Grafen Hermann von Ravensberg, der den Störfang an der Ems 1217 dem Kloster Kappenberg schenkte. Man darf spekulieren, weshalb er das tat; wahrscheinlich aus demselben Grund, der Graf Egilmar von Oldenburg 1108 bewog, dem Kloster Iburg „alljährlich 90 Bund Aale“ zu schenken.

Der Stör zog zum Laichen weit hinauf ins Binnenland: so bis Hameln in der Weser, bis Böhmen in der Elbe, bis Westfalen in der Ems. Den letzten bekanntgewordenen Fang eines Störs (250 Pfund) im Jadebusen vermeldete 1956 Willy Hinck in „Der Gemeinnützige“.

Aus der Eider vermelden die Dithmarscher Landeszeitung und andere Regionalzeitungen Schleswig-Holsteins für 1969 den Fang zweier Störe von je 260 cm Länge.

1976 wird vom Fund eines Störs von 180 Pfund und einer Länge von 255 cm in der Ems bei Bingum im Sportfischer in Weser-Ems (zit. In Nr. 2/1999 S. 5 ff.) berichtet.

Danach ist Funkstille. Der Verlust der Störbestände wird mit folgender Reihe verdeutlicht: (zitiert aus Hamm, s. o.)

um 1850	in Hamburg verarbeitet das Fischgeschäft G. Ch. Hagenbeck allsömmerlich gegen 5 000 Elbstöre
1858-1863	Blütezeit des Störfangs im Amt Brake a. d. Niederweser
1892	in der Elbe fängt man noch fast 4 000 Störe
1900	Störfang in der Elbe zurückgegangen auf 1 275
1952	jährlich nicht einmal mehr 1 Stör
1957	ein Stör südlich von Norderney von 250 Pfund
1962	ein Stör im Wurster Watt von 285 Pfund

In Frankreich gab es 1994 und 1995 noch Reproduktionen, danach nicht mehr festgestellt.

Nach langer Besinnungspause hat 2007 der Ständige Ausschuss der Berner Konvention einen Aktionsplan zur Wiedereinbürgerung des Europäischen Störs verabschiedet. Im gleichen Jahr erfolgte die erste kontrollierte Vermehrung von in Gefangenschaft aufgewachsenen Zuchttieren aus der Restpopulation in Frankreich.

Etwa 100 erwachsene Tiere, die der Vermehrung dienen sollten, wurden und werden in speziellen Einrichtungen Frankreichs und Deutschlands gehalten. Die erste in Gefangenschaft gewonnene Brut gab es dann 2007. Einige 1000 Jungtiere gelangten nahe den natürlichen Laichplätzen in die Garonne und Dordogne.

Inzwischen ist nach einer Verlautbarung der Gesellschaft zur Rettung des Störs e.V., Fischerweg 408 in Rostock, eine kleinere Anzahl vorgestreckter Störe in der Oste freigelassen worden. Die Oste wurde dafür als einziger der Zuflüsse zur Nordsee als geeignet gesehen. Weser und Ems waren als Lebensraum (zunächst?) als (noch) nicht geeignet ausgeschieden, obwohl der Gruppe „Wasser" der Lokalen Agenda 21 beim Bau der Fischaufstiegshilfe in Oldenburg vom NLWKN zugesichert worden war, dass die Kammern auch für die Maße des Störs zugeschnitten würden.

Literatur

„Süßwasserfische Erkennen und bestimmen" Steinbachs Naturführer (2003): Verlag Eugen Ulmer GmbH & Co, ISBN 3-8001-4296-131. S. 32 ff.

Meyer-Waarden (1970): „ Aus der Deutschen Fischerei", Verlag H. Heenemann, Berlin, 359 S.

Schmidt-Barrien, H. (1989): Aus dem alten Bremen. Kulturgeschichtliche Streifzüge, Osterholz-Scharmbeck, S. 62.

Der Stör – ein lebendes Fossil, bald wieder in unseren Gewässern?

Jörn Gessner

Was störte den Stör?

Der Stör, schon vor 200 Millionen Jahren existierte er in den Gewässern der Nordhalbkugel. Die meisten Tiere aus dieser Zeit kennen wir nur noch aus Fossilfunden. Die Störe haben zwar die Saurier überlebt, wurden aber in den letzten 150 Jahren stark durch menschliche Einflüsse gefährdet. Von den weltweit existierenden 27 Störarten sind alle bedroht, manche stehen kurz vor dem Aussterben. In Europa waren noch zur Jahrhundertwende zwei Arten weit verbreitet, die mittlerweile als ausgestorben gelten: Der Baltische Stör (*Acipenser oxyrinchus*) und der Europäische Stör (*Acipenser sturio*). Bis zu fünf Meter lang und über 100 Jahre alt können diese „Flussriesen" werden.

Die Störe der Nord und Ostsee sind Wanderfische. Die erwachsenen Tiere leben im Meer. Erst mit etwa zwölf bis sechzehn Jahren werden sie geschlechtsreif und wandern zum Laichen wieder in ihre Geburtsflüsse zurück. In der Elbe zogen noch Mitte des 19. Jahrhunderts zwischen April und August tausende Störe den Strom hinauf und wurden ein begehrtes Objekt der Fischerei. In einer speziell für Störe gebauten Auktionshalle in Hamburg wurden jährlich fünf- bis achttausend Tiere umgesetzt. Doch wer glaubt, der Kaviar wäre der Motor dieser Fischerei gewesen, sieht sich getäuscht. Bis in die 1850er-Jahre wurde der Rogen billig an Aalfischer verkauft, die ihn als Köder in ihre Reusen steckten. Störfleisch war das gefragte Produkt, für das die Fischer auszogen auf den Fang. Doch bereits gegen Ende des Jahrhunderts nahmen die Fangzahlen ab. So berichtet ein Fischer aus Hamburg-Altenwerder, dass sein Großvater und sein Vater in jeder Saison rund 1000 Störe erbeutet hätten, er selbst habe im Jahr 1875 nur 160 gefangen, 1894 seien es bloß noch zwei gewesen.

Nicht nur Überfischung, auch der Umbau von Flüssen zu Wasserstraßen und ihre Nutzung als Abwasserkanäle hat zur Ausrottung der Störe beigetragen, denn die Weibchen suchen klares, sauerstoffreiches Wasser mit Kiesgrund und tiefen Kolken auf, um ihre Eier abzugeben. Drei bis vier Tage nach der Befruchtung der Eier schlüpfen die Larven bereits. Durch den Verbau der Uferbereiche (Buhnenbau) und Baggerarbeiten ging viel geeigneter Laichgrund verloren. Staudämme und Wehre behindern die Wanderung. Die Verschmutzung der Gewässer und das daraus resultierende Absterben der Eier während der Larvenentwicklung durch Pilz- oder Bakterienbefall führten dazu, dass die Bestände stark zurückgingen.

Der Stör als Schirmart für andere bedrohte Fischarten

Eines der Leuchtturmprojekte der Biodiversitätsstrategie des Bundes ist die Wiederansiedlung der beiden in Deutschland ausgestorbenen Störarten. Primäres Ziel des Vorhabens ist es, zur Arterhaltung von zwei des historisch bedeutendsten Wanderfisches Deutschlands beizutragen. So sollen wieder selbst-reproduzierende Bestände der beiden Arten aufgebaut werden. Außerdem fungiert der Stör als so genannte Schirm-Art. Das Tier repräsentiert die Ansprüche von vielen typischen Flussfischarten und dient so als Indikator und als Wegbereiter für die Wiederherstellung der Qualität der Lebensräume. Sollte es gelingen, den Stör wieder anzusiedeln, würden auch andere Fische von der Verbesserung der Lebensräume profitieren, die ebenfalls verschwunden sind, vor allem andere Wanderfische wie Lachs, Meerforelle und Schnäpel, aber auch typische Flussfische wie Barbe und Nase.

Als Konsequenz des Niedergangs des so bedeutenden Störes – trotz der frühen Versuche im ausgehenden 19. Jahrhundert den Stör durch Besatz zu erhalten – und aus der in Folge der Wiedervereinigung Deutschlands resultierenden rapiden Verbesserung der Wasserqualität der großen Flüsse, wurde 1994 die Gesellschaft zur Rettung des Störs (GRS) unter Beteiligung des Leibniz-Instituts für Gewässerökologie und Binnenfischerei (IGB) gegründet.

Frank Kirschbaum, damaliger Leiter der IGB-Abteilung Biologie und Ökologie der Fische, knüpfte Kontakte zur französischen CEMAG-

Abb. 1 Ein kleiner Europäischer Stör kurz vor dem Aussetzen in ein Gewässer, Foto: C. Pusch.

REF, der es 1995 gelang, den Europäischen Stör aus dem letzten existierenden Bestand in der Gironde zu vermehren. 1996 schickten die französischen Partner im Rahmen der Zusammenarbeit erstmals 40 Jungstöre nach Berlin. Für die Nachzucht der zwei Störarten ist es unabdingbar, einen Bestand an Elterntieren aufzubauen, um den Grundstock für den Besatz der Flüsse für den Bestandsaufbau zu sichern.

Welcher Stör lebte wo?

Aufgrund der Anpassung von Arten an ihren jeweiligen Lebensraum müssen Tiere, die ausgewildert werden, sich auch für diesen Lebensraum „eignen". Da der Europäische Stör historisch verschiedene, geographisch getrennte Populationen einschloss, war die genetische Analyse und Beschreibung dieser Populationen anhand von Museumsproben und gefangenen Tieren ein wichtiger Teilaspekt des Vorhabens. Diese haben gezeigt, dass die letzten noch lebenden Europäischen Störe aus der Gironde praktisch identisch mit den Stören sind, die historisch in der Nordsee und ihren Zuflüssen vorkamen. Für die Wiederansiedlung der Art im Nordseeeinzugsgebiet ist daher der Besatz mit dem Nachwuchs des Europäischen Atlantischen Störs (*Acipenser sturio*) aus der Gironde eine optimale Möglichkeit.
Die ehemals in der Ostsee vorkommenden Störe jedoch sind die Nachfahren des vor ca. 2 000 Jahren aus den nördlichen Populationen eingewanderten Amerikanisch Atlantischen Störs, *Acipenser oxyrinchus*. Folglich konnten geeignete Besatzfische für die Oder und andere Ostseezuflüsse aus dem St. Lawrence Fluss und dem St. John Fluss in Kanada bezogen werden. Aufgrund der neuen genetischen Erkenntnisse zur Herkunft der Störe in Nord- und Ostsee werden derzeit Elterntierbestände für die Vermehrung und Besatzproduktion aufgebaut.
Für den Aufbau des Bestandes von *A. sturio* wurden im Rahmen der Zusammenarbeit mit der französischen Forschungseinrichtung CEMAGREF Tiere aus kontrollierter Nachzucht an das IGB gebracht. In Frankreich gelangen erste erfolgreiche Nachzuchten aus den in Haltung befindlichen Elterntieren seit 2007. Mit Hilfe von Tieren aus diesen Nachzuchten werden Elterntierbestände in Frankreich und in Deutschland gemeinsam ausgebaut. Zudem werden Tiere aus den Vermehrungen für experimentelle Besatzmaßnahmen genutzt.

In der natürlichen Umgebung die Lebensweise des Störs erforschen

Ein wichtiger Schwerpunkt in dem laufenden, durch das Bundesministerium für Umwelt, Naturschutz und Reaktorsicherheit (BMU) und das Bundesamt für Naturschutz (BfN) unterstützten Projekt ist es herauszufinden, welche Bedingungen im Gewässer nötig sind, dass sich die beiden Arten Europäischer und Atlantischer Stör wieder wohlfühlen.
Mit den Arbeiten am Ostsee-Stör fingen die IGB-Forscher an, das Verhalten der Tiere im Freiland zu untersuchen, da er im Gegensatz zum fast ausgestorbenen europäischen Artgenossen in seinen kanadischen Herkunftsgebieten nicht akut gefährdet war. Das Team recher-

Abb. 2 Der Wissenschaftler Dr. Jörn Gessner mit einem Ostseestör, Foto: IGB.

chierte die ehemaligen Wanderrouten entlang der Oder und identifizierte vier geeignete potenzielle Laichplätze. Um zu erfahren, was der Stör frisst und wo er sich bevorzugt aufhält, setzen die Wissenschaftler mit Sendern versehene Tiere in den Gewässern der Einzugsgebiete von Elbe und Oder aus, um ihre Wanderbewegung zu untersuchen. Die Reaktion der Tiere auf ihren Lebensraum nach dem Besatz gibt wichtige Informationen über dessen Eignung. Somit sollen die Untersuchungen die Voraussetzungen sichern, um möglichst fundierte Entscheidungen für den Besatz treffen zu können. So sollen die Größe der Tiere, die Aussetzorte, die Jahreszeit zu der besetzt wird und die Voraussetzungen, wie der Besatz zu erfolgen hat, bestimmt werden. Aber auch die Frage nach Gefährdungsfaktoren ist ein wichtiger Motor für das Monitoring.

In der Oder wurden ab 2006 bis heute über eine halbe Million Jungfische verschiedener Altersstadien ausgesetzt. Aber auch außerhalb der Oderzuflüsse wurden die Wissenschaftler aktiv. Im Mai 2011 fand beispielsweise ein Versuchsbesatz mit dem ehemaligen Ostseestör in der Pommerschen Bucht statt. 96 zehn Jahre alte Störe wurden hierfür ausgewählt. Alle Störe wurden mit nummerierten Marken an der Rückenflosse versehen. Zusätzlich haben 15 Tiere kleine Messgeräte, so genannte DST-Marken, mit auf den Weg bekommen, die Temperatur, Tiefe und Salzgehalt aufzeichnen.
Die so gewonnenen Erkenntnisse setzen die IGB-Forscher seit 2008 auch bei der Wiedereinbürgerung des Europäischen Störs ein. Bis jetzt wurden im Rahmen der laufenden Arbeiten ca. 10 000 Tiere aus den Nachzuchten der CEMAGREF, heute IRSTEA genannt, an der Elbe und ihren Zuflüssen besetzt.

Nur wenn Politik, Forschung und Fischerei Hand in Hand arbeiten, hat der Stör eine Chance

Bei der Überwachung der Wanderbewegungen werden Fischer und Angler einbezogen: Sie berichten, wenn sie einen Stör fangen. Ein vergleichbares Monitoring könnte die Forschergruppe alleine nicht leisten. Die auffälligen Markierungen der Tiere sind mit Nummern versehen, sodass Fischer die Tiere beim Fang identifizieren können. Regelmäßig werden die freiwilligen Teilnehmer über den Fortschritt des Projekts informiert, denn auch sie haben ein

Abb. 3 Störe sind faszinierende Lebewesen, sie schwammen schon zu Zeiten der Dinosaurier in unseren Flüssen. Der Europäische Stör kann bis zu 5 Meter lang und 100 Jahre alt werden. Obwohl er so groß ist, ernährt er sich von Kleingetier wie Krebsen und Insektenlarven, Foto: Solvin Zankl für GEO anlässlich des „GEO-Tag der Artenvielfalt“ 2011 am IGB.

Interesse daran, dass der Stör sich bald in europäischen Gewässern wieder wohlfühlt.

Die Markierungen sollen aber auch Verwechselungen mit illegal ausgesetzten exotischen Stören vermeiden helfen.

Die Ergebnisse dieser Untersuchungen werden die Grundlage für das Management eines möglichen, nachfolgenden Besatzes in größerem Maßstab schaffen.

Eine wichtige Voraussetzung für eine erfolgreiche Wiederansiedlung ist die Verfügbarkeit intakter Laichplätze in den drei potentiell für die Wiederansiedlung vorgesehenen Flüssen Oder, Elbe und Rhein oder ihren Nebengewässern. Im Rahmen der laufenden Arbeiten wurden bislang an der Oder und ihren Zuflüssen die historisch aus Literaturangaben belegten Laichplätze untersucht. Nach dem bisherigen Kenntnisstand eignen sich von den Gewässern des Odereinzugsgebietes einige Abschnitte grundsätzlich als Laichplätze. Einige Abschnitte bedürfen noch einer Renaturierung. Insbesondere die Nährstoffbelastung der polnischen Oderzuflüsse stellt die größte Einschränkung bezüglich der

Abb. 4 Der „Nationale Aktionsplan zum Schutz und zur Erhaltung des Europäischen Störs" dient als Grundlage für Maßnahmen zur Wiederansiedelung der in Europa als ausgestorben geltenden Fischart.

Qualität der Laichplätze dar. In der Mittelelbe konnte das Vorkommen von Kiesbänken, die potentiell als Laichsubstrat dienen, bestätigt werden.

Auch bei der Planung von neuen Fischtreppen wird die Gesellschaft zur Rettung des Störs einbezogen, so beispielsweise bei der 2010 in Betrieb genommenen Fischtreppe in Geesthacht. Sie ist die größte ihrer Art in ganz Europa – an der Geesthachter Elbbrücke bremsen 45 Becken aus Betonteilen die Strömung am Gefälle des Stauwehrs so weit ab, dass die Fische, wie der Stör, bei der Wanderung elbaufwärts in ihre Laichgebiete den Höhenunterschied von durchschnittlich sechs Metern überwinden können.

Auf der Basis des im November 2007 vom Ständigen Ausschuss der Berner Konvention verabschiedeten Europäischen Aktionsplans zur Erhaltung des Europäischen Störs wurde mit Unterstützung der involvierten Institutionen und Vertretern der Ressourcennutzer 2010 der „Nationale Aktionsplan zur Arterhaltung und Wiedereinbürgerung des Europäischen Störs" entwickelt. Er soll einen verbindlichen Rahmen für die zukünftigen Arbeiten setzen und als Grundlage für gewässerspezifische Managementpläne dienen.

Die Umsetzung des Aktionsplans ist eine langfristige Aufgabe und erfordert eine enge Kooperation aller Beteiligten, wie es in der Zusammenarbeit mit der Berufsfischerei und am Beispiel der Geesthachter Fischtreppe auch erfolgreich funktioniert. So könnte die Wiederansiedlung des Europäischen Störs zu einer Erfolgsgeschichte in den Bemühungen der Bundesrepublik zum Schutz und zur Erhaltung der Biologischen Vielfalt werden. Eine schöne Zukunftsvision, dass die fünf Meter langen friedlichen Wasserriesen bald wieder unsere Flüsse und Küstengebiete bewohnen.

Der Aal – ein geheimnisvoller Fisch

Ulf Beichle

Der Europäische Aal *Anguilla anguilla* hütet weiterhin das Geheimnis seiner Herkunft. Auch wenn er die längste Zeit seines Lebens in Europa verbringt und daher Europäischer Aal genannt wird, stammt er doch aus einer Region, die Tausende Kilometer weiter im Westen liegt. Doch genau bekannt ist die Stelle nicht, an der sich erwachsene Aale paaren und ihren Nachwuchs zeugen. Für Meeresforscher ist dies eine Herausforderung, dem Geheimnis eines weit verbreiteten Fisches auf die Spur zu kommen. Was aber macht die Suche so schwierig? Letztlich ist es die Tatsache, dass erwachsene Aale einfach abtauchen im Sinne des Wortes. Aale sind Wanderfische und die geschlechtsreifen Tiere verlassen die Binnengewässer Europas und machen sich auf den Weg zu ihren Laich-

Abb. 1 Begehrte Speisefische: Aale aus Nordwestniedersachsen. Das größte Exemplar brachte es auf eine Länge von 95 cm. Die anderen Aale erreichten nicht ganz die Maße des armdicken Tieres, Foto: Helmut Janßen.

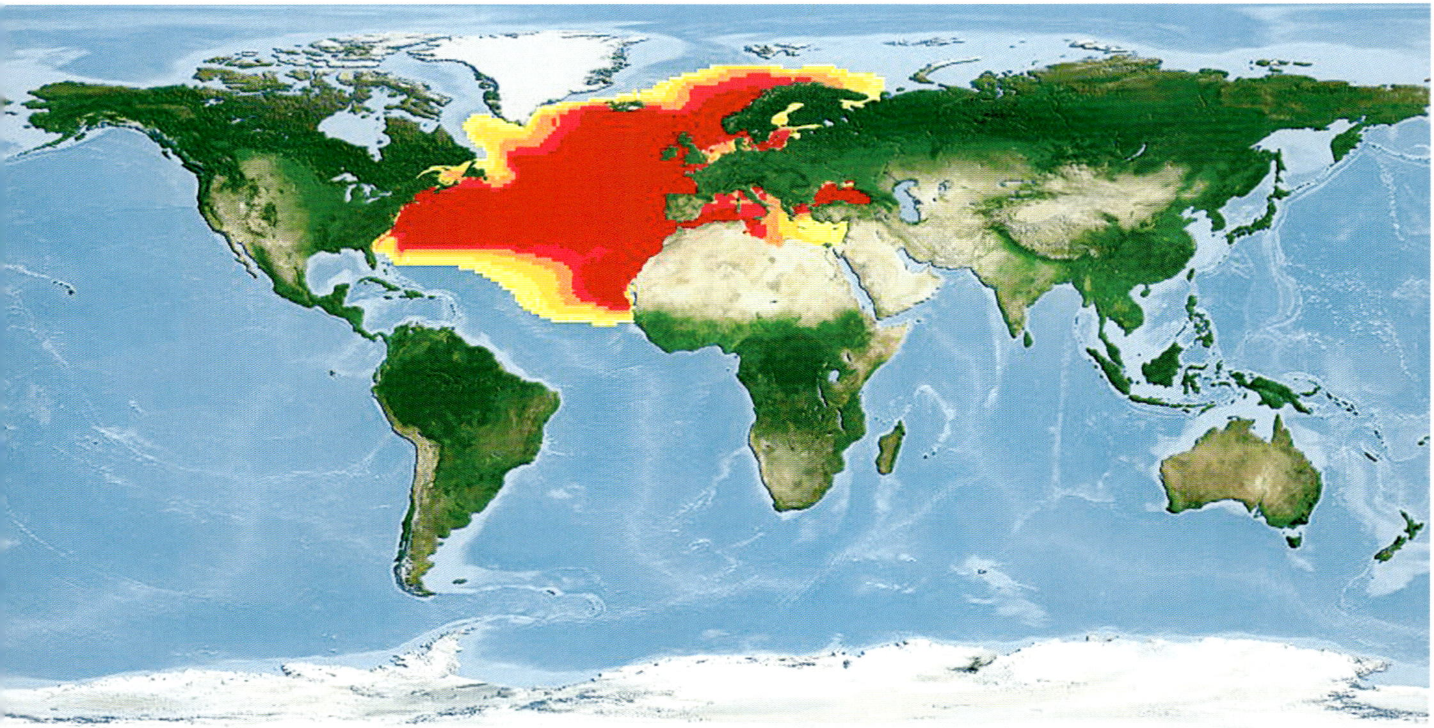

Abb. 2 Das Verbreitungsgebiet des Europäischen Aals. Die Fortpflanzung findet in der Karibik statt, die Larven treiben passiv mit dem Golfstrom vor die Küsten Europas. Hier steigen die jungen Aale aus dem Seewasser in das Süßwasser der Flüsse und Seen auf. Karte mit freundlicher Genehmigung von fishbase.

gründen. Deren Lage – oder sind es mehrere? – ist noch immer nicht genau identifiziert, da die Tiere abtauchen und offensichtlich in solchen Tiefen zu ihren Paarungsplätzen schwimmen, in denen keine Netze oder Reusen gestellt werden können. Neuere Untersuchungen mit Sensoren haben gezeigt, dass Aale zumindest auf den ersten 1000 km am Tage in 700 m Tiefe schwimmen, in der Nacht aber bis auf 300 m aufsteigen. Warum sie dies machen? Auch das ist noch ihr Geheimnis.

Die Karte der Abb.2 zeigt das gesamte Verbreitungsgebiet des Europäischen Aals, das von den Küsten und Binnengewässern Europas bis in den westlichen Atlantik und sogar in die Karibik reicht. Hier aber kann man nur noch vermuten, wo sich Millionen von Aalen treffen. Erst dort, wo ihr Nachwuchs in Form winziger Larven auftaucht, kann man die Laichplätze vermuten. Diese winzigen frühen Stadien der Aale werden in der so genannten Sargasso-See in der karibischen Inselwelt gefunden, die als das eigentliche Herkunftsgebiet der heimischen Aale gilt. Weil aber keine klaren Funde von erwachsenen Aalen vorliegen, ist die Karte der Abb. 3 noch unvollständig hinsichtlich der Wanderungswege. Das Wasser in diesem Bermuda-Dreieck ist bis 5000 m tief, ein Unterwasserberg, der als

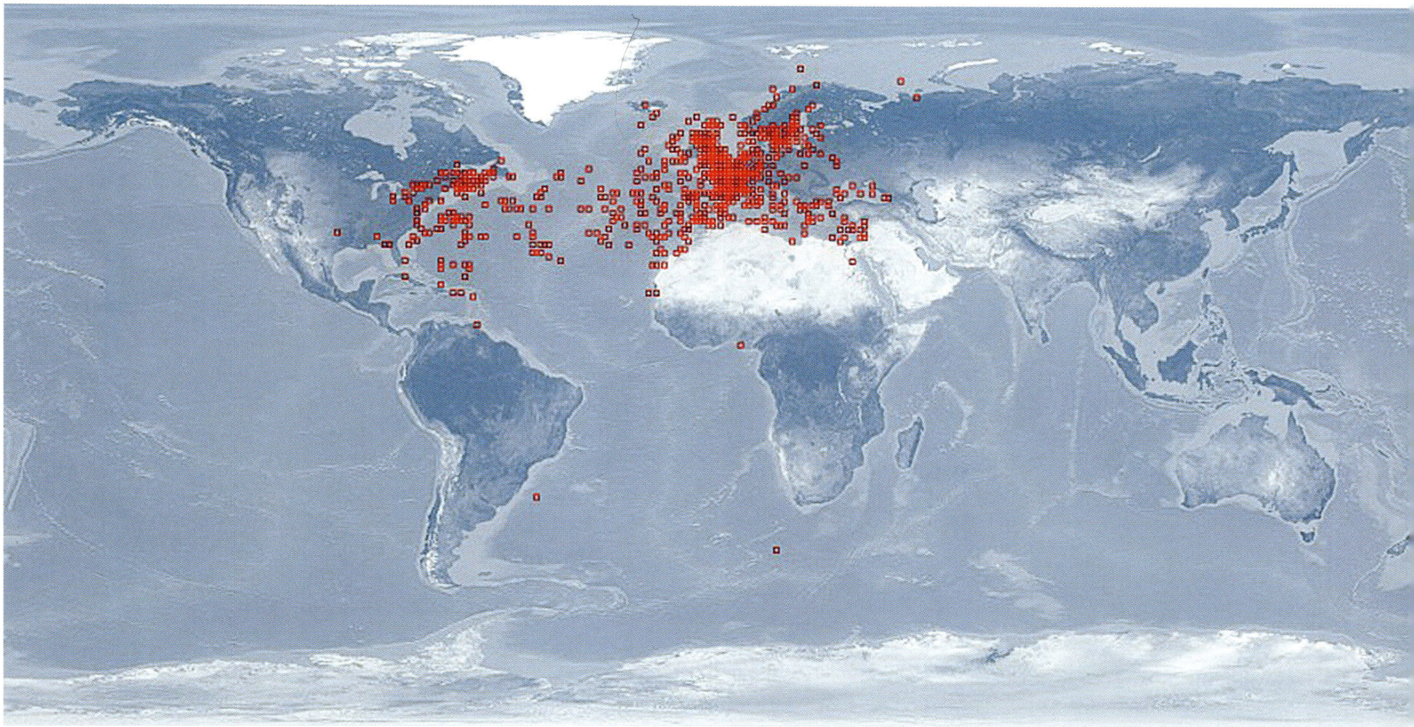

Abb. 3 Die Karte der Einzelfunde von Europäischen Aalen zeigt deutlich, dass neben den zahllosen Nachweisen vor Europa nur wenige Funde aus der Nähe des Paarungsgebietes vorliegen. Mit freundlicher Genehmigung von fishbase.

potentieller Treffpunkt diskutiert wird, reicht allerdings bis 60 m unter die Wasseroberfläche. Die jüngsten der in der Karibik entdeckten Aal-Larven sind schon mehrere Tage alt und auf dem Weg nach Osten und Norden. Etwa 200 bis 250 Tage lang treiben sie mit dem Golfstrom, während sie sich zu kleinen Aalen umwandeln. Als Fische mit der typischen Aalgestalt erreichen sie das brackige Wasser der Flussmündungen. Noch sind sie durchsichtig – daher der Name Glasaal – sodass man in den Körper hinein sehen kann: Das schlagende Herz, die roten Kiemen, das Rückenmark umgeben von der Wirbelsäule, der Darm samt Inhalt. Faszinierend und für den Blick in das Innere eines ursprünglichen Wirbeltieres wie geschaffen. Leider ist dieser Anblick nur während weniger Tage möglich, denn schon bald bilden sich Farbstoffe in der Haut und verdecken den Blick auf die inneren Organe. War der durchsichtige Körper die beste Tarnung während der Passage im Golfstrom, so vermag sich der ältere Aal in den Süßgewässern mit seiner dunklen Haut weitgehend unsichtbar zu machen.

Viele Gefahren warten auf Aale

Der einst so häufige Fisch ist inzwischen vom Aussterben bedroht. Diese kaum vorstellbare Entwicklung innerhalb weniger Jahrzehnte beginnt bereits im frühen Jugendalter, wenn die Tiere vor der europäischen Küste eintreffen. Hier werden sie von speziellen Fangschiffen erwartet, die die Glasaale in großen Mengen abfischen und als Delikatesse zu Konserven verarbeiten. Besonders die Nachfrage aus Asien führte zu einer Steigerung der Preise und damit verbunden auch der Fänge.

Diese Fischerei wurde darauf hin derartig intensiv betrieben, dass die EU schließlich ein Exportverbot verhängte. Dass dies höchste Zeit wurde, zeigten die stark rückläufigen Zahlen der Glasaale an den Fangstationen der Flussmündungen. Nur noch ein äußerst geringer Bruchteil der noch vor wenigen Jahren ergiebigen Fänge konnte festgestellt werden. Der zuvor übliche Weg, Glasaale abzufangen und direkt in ihre neuen Gewässer im Binnenland zu verteilen, musste daher verlassen werden.

Inzwischen werden die vor der Küste Portugals, Frankreichs und Englands gefangenen Jungaale in kontrollierten Mengen an die verschiedenen Fischereiverbände weitergegeben. Die Tiere sind teuer und werden daher äußerst sorgfältig behandelt. Hilfreich ist es, die Glasaale einige Zeit in isolierten Behältern aufzuziehen – in der Fachsprache „vorstrecken“ und erst danach als „Setzaale“ freizulassen.

Ein Teil der jungen Aale wird deutlich länger gehalten; sie sind als Speisefische von großer Bedeutung für den Markt. Geräuchert, gebraten oder eingelegt stellen sie eine Delikatesse für viele Menschen dar.

Der Aal ist ein geschickter Jäger, der ein breites Spektrum von Beutetieren verzehrt. Dazu zählen Insekten, Würmer, Mollusken, Krebse und kleinere Fische. Auch Frösche stehen auf dem Speiseplan.

Kleine Aale werden aber auch von großen Artgenossen gefangen, daneben sind sie Beute von Fischen wie Barschen und Hechten. Bei den Vögeln sind es besonders Möwen, Reiher und Kormorane, die den Aalen nachstellen. Wenn sie allen Nachstellungen entgehen, so können Aale alt werden. Ein Alter von 88 Jahren, wie es von einem Exemplar gemeldet wurde, stellt sicher eine Ausnahme dar.

Zum Malawisee der Fische wegen!

Andreas Moss

Der Malawisee, auch Nyasasee genannt, ist mit einer Länge von 560 km, einer Breite bis zu 80 km und einer Tiefe bis zu 704 m der neuntgrößte See der Erde und der drittgrößte im afrikanischen Grabenbruch. Mit seiner Fläche von 29 600 km² würde er ungefähr das Land Brandenburg einschließlich Berlin überdecken.

Trotz seiner Größe ist der See vielen Menschen nicht oder kaum bekannt, zumindest wenn sie nicht Aquarianer sind. Unter Fischliebhabern ist der Malawisee nicht nur bekannt, sondern ähnlich berühmt wie der Amazonas. So ist es nicht verwunderlich, dass viele Fischarten, die ursprünglich aus dem Malawisee stammen, heute in kleinen Zoofachhandlungen zu finden sind. Der Grund dafür ist relativ einfach: mit seinem Artenreichtum an Buntbarschen, auch als Cichliden bekannt, hat der Malawisee die größte Dichte an farbenprächtigen Fischen unter allen Süßwassergewässern. Gern wird aus diesem Grund von den Korallenfischen des Süßwassers gesprochen. Die Begeisterung vieler Aquarianer für die Buntbarsche des Malawisees ist so groß, dass der Wunsch entsteht, den Malawisee zu bereisen und bestenfalls sogar in ihm zu tauchen.

Im Jahr 2006 hatten zwei Aquarianer, der Autor und Albert M., die Gelegenheit diesen Traum wahr werden zu lassen. Für den Autor ging damit ein echter Jugendtraum in Erfüllung, der durch die Pflege von Malawisee-Cichliden und durch das Buch ‚Der Malawi-See und seine Fische' von Hans J. Mayland (vielleicht das erste ausführliche und gut bebilderte Buch über den Malawisee) entstanden war. In einer dreiwöchigen Reise konnten die beiden begeisterten Aquarianer und Sporttaucher die Zierfischfänger am Malawisee begleiten und erleben sowie Land und Leute kennen lernen.

Die Reisevorbereitungen begannen ca. ein Jahr zuvor, Ende 2005. Am Anfang stand ein Telefonat mit einem süddeutschen Zierfischhändler, der sich auf Malawisee-Buntbarsche spezialisiert hat und in Tansania an einer Fischexportfirma beteiligt ist. In unregelmäßigen Abständen lässt dieser Exporteur interessierte Personen seine Fänger am See begleiten. War zu Beginn der Vorbereitung das Telefon das wichtigste Planungsinstrument, gewannen zum Ende der Planung die Beschaffung des notwendigen Equipments sowie dessen gewichtssparende Verpackung an Bedeutung. Zu einem persönlichen Treffen der beiden Akteure ist es vor der Reise nicht gekommen, da der Autor aus Norddeutschland und sein Mitstreiter aus Süddeutschland stammen.

Somit war das erste kleine Abenteuer dieser Reise die persönliche Begegnung der Abenteurer auf dem Flughafen von Dubai. Als Treffpunkt wurde eine weltweit verbreitete Fastfood-Kette gewählt, sodass ein Verfehlen eigentlich ausgeschlossen war. Schnell war klar, dass man es die drei Wochen miteinander aushalten können würde. Eine echte Möglichkeit für einen Rückzieher bestand ja auch nicht mehr wirklich.

Die Reise wurde nun mit dem Flug nach Dar es Salaam fortgesetzt. Die am Indischen Ozean gelegene Stadt Dar es Salaam (was so viel heißt wie ‚Hafen des Friedens') ist die heimliche Hauptstadt Tansanias und war die erste Station. Ebenso gut wie die Verabredung in Dubai hat auch das Treffen mit den beiden Fischfängern und Mitarbeitern der Exportfirma geklappt. Omari und Ramadani waren pünktlich am Flughafen. Beide haben den Aufenthalt in Tansania diese drei Wochen bzw. fast die ganzen drei Wochen begleitet. Vom Flughafen ging der Weg direkt zum etwas außerhalb des Stadtzentrums gelegenen Sitz der Fischexportfirma. Auch wenn der Weg direkt war, dauerte er eine Weile. In Tansania fährt man links. Als Europäer wundert man sich über das Verkehrschaos und die Autodichte in einer solchen afrikanischen Stadt und man fragt sich, wie die Autos angesichts des geringen Durchschnittseinkommens bezahlt werden können. Der Sitz der Exportfirma bestand im Wesentlichen aus einem Wohnhaus mit einem kleinen gepflasterten Vorplatz, einem Fischhaus und einer aus Betonbecken bestehenden Hälterungsanlage für Fische. Die gesamte Anlage war von einer 2,5 m hohen Mauer umschlossen. Das Sicherheitsbedürfnis in Dar es Salaam ist relativ groß, was an vielen Stellen deutlich wurde.

Das Wohnhaus mit dem Schlafzimmer, welches für die Übernachtung zur Verfügung stand, war aus europäischer Sicht etwas gewöhnungsbedürftig. So waren z. B. die Toiletten und Duschen einfache Nasszellen, die außerhalb des Hauses lagen und direkt vom Hof zu begehen waren. Trotz der Reisemüdigkeit verhinderten eine gewisse Grundnervosität und die feuchtwarme Luft einen erholsamen Schlaf.

So war es fast erleichternd, dass es am nächsten Tag noch vor der Dämmerung weiterging. Nach einem kleinen Frühstück, bestehend aus Weißbrot mit Marmelade und einem Spiegelei, fuhr Ramadani mit seinen beiden Gästen zum lokalen Busbahnhof, der mit der Anzahl der Reisenden und dem Durcheinander an den Bahnhof einer deutschen Großstadt nach einer Gleissperrung erinnerte. Für die Einheimischen und damit Eingeweihten schien er aber durchaus geordnet zu sein. Nachdem das Gepäck aller Reisender, die abgesehen von den beiden Exoten nur aus Einheimischen bestanden, zum Teil abenteuerlich, aber letztlich sicher verstaut war, ging es auf die Strecke von ca. 1 000 km von Dar es Salaam nach Kyela am Malawisee. Der Busfahrer war aus gutem Grund bemüht die Strecke bei Tageslicht zurückzulegen. Aufgrund der Straßenverhältnisse wäre eine Fahrt bei Dunkelheit mit einem deutlich höheren Risiko behaftet gewesen. In 12 Stunden 1 000 km mit einem Bus setzen eine straffe Organisation voraus, die jener Busfahrer auch beherrschte. Toilettenpause: linker Busch für die Frauen, rechter Busch für die Männer. Die knappe Mittagspause an einem eher traditionellen Imbiss gab dem Begriff Fastfood eine ganz neue Dimension!

Ankunft in Kyela. Leider war der Malawisee vom Ort Kyela aus noch nicht zu sehen. Der Hafen von Kyela liegt ein paar Kilometer außerhalb des Dorfes. Für die Nacht stand ein Hotel zur Verfügung, welches das erste Hotel am Platz sein sollte. Die Aussage kann mangels Vergleichsmöglichkeiten einfach mal so stehen bleiben. Am Hotel stieß auch Omari, der mit einem Transporter von Dar es Salaam nach Kyela gefahren war, um die Ausrüstung und die Fischbehälter zu transportieren, wieder zu der Reisegruppe. Das eigentliche Reiseziel und Basispunkt für die Fischfangtouren war der Ort Lupingo.

Lupingo liegt am Westufer – also auf der anderen Seite des Sees – und weiter südlich von Kyela. Die Überfahrt mit der dazugehörenden Logistik sollte den ganzen nächsten Tag dauern, sodass eine tagesfrühe Abreise geplant war. Da es sich aber der Bürgermeister von Kyela nicht nehmen lassen wollte, die ausländischen Gäste in seinem Ort persönlich in seinem Büro, das aus einer aus Wellblech bestehenden Hütte von ca. 6 m^2 bestand, zu begrüßen, ging der Plan der frühen Abreise nicht ganz auf. Bei der wirklich sehr freundlichen Begrüßung wies er noch ganz nebenbei darauf hin, dass Ausländer, die im Malawisee Fische fangen wollen, eine Gebühr von etwas über 500 US-Dollar entrichten müssen. Er hatte natürlich auch ein passendes Gesetzbuch parat, das auch in englischer Sprache war, um diese Forderung zu

Abb. 1 Bucht von Lupingo in der Morgendämmerung, Foto: Andreas Moss.

Abb. 2 Hauptstraße bzw. -weg in Lupingo, Foto: Andreas Moss.

untermauern. Nach langen zähen Verhandlungen einigte man sich dann auf den Gebührenpunkt für Baden, Schwimmen und Tauchen von 37 US-Dollar. Das Fotografieren von Fischen war da nicht mit eingeschlossen, da fotografieren wie fangen ist. Auf jeden Fall half der Besuch beim Bürgermeister zu verstehen, wie er sich ein relativ neues Motorrad leisten konnte.

Vom Bürgermeister ging es dann auch direkt zum Hafen und damit an das Ufer des Sees der Träume. Das Boot für die Überfahrt war ein klassisches Holzboot von ca. 2,5 m Länge mit einem Außenbordmotor. Das Verladen der Ausrüstung und des Treibstoffs für die nächsten 14 Tage dauerte eine Weile und wurde von Omari und Ramadani organisiert. Für den Autor und

Abb. 3 Ein Teil der Klosteranlage, Foto: Andreas Moss.

Albert M. gab es in der Zeit nicht viel zu tun, da Baden im See wegen der möglichen Krokodile an dieser Stelle zu gefährlich war und das Fotografieren im Hafen, der auch Militärhafen war, verboten war. Aber der Hafen lässt sich auch ohne Bilder gut beschreiben. Es handelte sich dabei um einen 200 m langen Sandstrand mit einem Holzsteg, der als Anleger ins Wasser ragte. Am Strand befanden sich zwei Hütten. Eine ca. 10 m^2 große offene Holzhütte für Personen, die auf die Fähre oder ein anderes Boot warteten, und eine etwas abseits gelegene 1 m^2 große Wachhütte, in der ein Soldat einsam und alleine seinen Dienst tat.

Während der Überfahrt zeigte sich schnell, dass die noch in Kyela kurzfristig gekauften Kopf-

Abb. 4 Sandflächenbewohner beim Anlegen einer Laichgrube, Foto: Andreas Moss.

bedeckungen ebenso eine sinnvolle Investition waren wie die bereits aus Deutschland mitgebrachte Sonnencreme. Das Boot hatte weder ein Kajüte noch ein Verdeck. Insgesamt vermittelte die Bootfahrt eine Vorstellung von der beeindruckenden Größe des Sees. Glatt und spiegelnd lag das Wasser, für längere Zeit war kein Ufer zu sehen, so war Gelegenheit, die Ausrüstung mal etwas näher zu betrachten. Nachdem aufgefallen war, dass es weder einen zweiten Außenborder noch Ruder an Bord gab, quittierte Ramadani eine entsprechende Nachfrage mit den Worten: „Der Motor geht nicht kaputt!“ Seine mit tiefer Überzeugung vorgetragene Antwort trug ebenso zum sicheren Reisegefühl bei, wie das regelmäßige Abschöpfen des einsickernden Wassers. Aber Ramadani hatte Recht und so tauchte bei einsetzender Dämmerung ein Hügel mit einem größeren Backsteingebäude, das erste Anzeichen von Lupingo, am Ufer auf. Das Backsteingebäude war die Kirche, Pfarrei und das Klostergebäude. Die alte Klosteranlage stellte den Mittelpunkt des Ortes dar. Heute ist das Kloster nur noch eine Pfarrei. Zur Pfarrei

Abb. 5 Blau und gelb sind die häufigsten Farben der Malawiseecichliden, Foto: Andreas Moss.

gehören neben der Kirche einer der zwei Läden des Dorfes, ein Kindergarten sowie das einzige Auto und ein Satellitentelefon. Im Jahr 2006 gab es in Lupingo weder ein Festnetztelefon noch Handyempfang, obwohl viele Einwohner ein Handy besaßen. Lupingo hatte auch keinen Anschluss an die Strom-, Wasser- und Abwasserversorgung. Der Pfarrer des Orts, Pfarrer Einhard, betrieb für die alte Klosteranlage eine Solaranlage und die Wasserleitungen des Gebäudekomplex' wurden über eine Pumpe direkt aus dem Malawisee gespeist. Die Klosterzellen waren mit Toiletten und Duschen ausgestattet und wurden vom Pfarrer als Fremdenzimmer vermietet. Ramadani hatte für die beiden europäischen Gäste zwei Zimmer einschließlich Vollverpflegung vom Pfarrer gebucht. Für den Laden, die Versorgung der Gäste und den Haushalt hatte Pfarrer Einhard drei Mitarbeiterinnen bzw. Haushälterinnen. Der Zustand der Zimmer, des Gebäudes und die Verpflegung waren entsprechend in Ordnung. Aufgrund der relativ hohen Kosten von ca. umgerechnet 12 Euro pro Tag hatten Ramadani und Omari am Strand des Malawisees ihr Lager mit Zelt aufgeschlagen, wo sie auch die Basisstation mit den Hälterungscontainern für den Fischfang errichtet hatten.

Abb. 6 Felsbuntbarsch, auch Mbuna genannt, beim Abweiden der Algen, Foto: Andreas Moss.

Am nächsten Tag nach dem Frühstück ging es dann mit dem Fischabenteuer richtig los. Die erste Ausfahrt zum Fangen und Tauchen stand an. Die Fahrt war kurz. Sie ging nur bis zur nächsten Bucht, sodass es nun endlich ins Wasser ging. Schon beim ersten Eintauchen war die Fischdichte geradezu überwältigend. Subjektiv machte es fast den Eindruck, als würde man in einem Aquarium tauchen. Am gesamten Felsufer wimmelte es von Buntbarschen, die sich in den Felsspalten drängten oder frei über den Felsen standen. Das Ufer ist nichts anderes als eine Unterwasserfortsetzung der relativ steil abfallenden Berge, von denen der Malawisee umschlossen ist. Die Felsen sind unter Wasser alle vollständig von einer bräunlichen Algenschicht überzogen, die die Primärnahrung im See darstellt und somit für den Fischreichtum verantwortlich ist. Aufgrund des klaren Wassers und dem damit tief eindringenden Sonnenlicht war die Algenschicht auch noch deutlich unter 40 m Wassertiefe zu finden, wo die Wassertemperatur noch über 24 °C betrug. So nahm die Fischdichte in der Tiefe nur

Abb. 7 Die großen Welse waren nicht nur eine Besonderheit beim Tauchen. Sie waren auch in der Küche sehr beliebt, Foto: Andreas Moss.

langsam ab. Die eindrucksvollsten und schönsten Bilder waren aber von der Wasseroberfläche bis 18 m Tiefe zu sehen. In dem Bereich sorgte die Sonne für eine wunderbare Ausleuchtung der Szenerie. Leider adsorbiert Wasser die Wellenlängen im roten Bereich schneller als die anderen Farben, sodass die Farbigkeit mit zunehmender Tiefe abnahm. Während die beiden Europäer die Eindrücke im vollen Umfang genießen konnten, machten sich Ramandani und Omari mit Frank, einem weiteren Fänger, der in Lupingo dazugestoßen war, an den Fang der Fische. Dazu wurde im Wesentlichen ein Stellnetz benutzt, in das die gewünschten Fische getrieben wurden. Die Fische wurden dann vorsichtig von Hand aus dem Netz genommen und unter Wasser in eine blaue Tonne, über die oben ein Netz gespannt war, gesetzt. Dabei wurden die Fische gezielt nach einer Bestellliste gefangen, sodass nur die Tiere entnommen wurden, für die auch ein Markt existierte. Am Ende des Tauchgangs wurde die Tonne an Bord gezogen und nach Lupingo gebracht, wo sie mit den Fischen erst noch auf 5-6 m Tiefe

Abb. 8 Das Basislager der Fischfänger am Strand, Foto: Andreas Moss.

versenkt wurde, um dann nach und nach über zwei bis drei Zwischenstufen an Land gebracht zu werden. Auch wenn die Fische im See durch Auf- und Abschwimmen in wenigen Sekunden Tiefenunterschiede von einigen Metern und damit Druckunterschiede problemlos ausgleichen können, haben sie gesundheitliche Probleme, wenn sie passiv und dauerhaft zu schnell an die Oberfläche gebracht werden. Am Strand wurden die Fische dann in die Hälterungscontainer umgesetzt. Dabei handelte es sich um nichts anderes als um die klassischen Chemiecontainer, die mit einem Drahtgitter fest auf Holzpaletten montiert sind. Mittels einer Pumpe wurde das Wasser der Hälterungsbecken regelmäßig gegen frisches Seewasser ausgetauscht. Zusätzlich sorgte ein kleiner Kompressor für eine permanente Belüftung.

Abb. 9 Die blaue Malawiseekrabbe erreicht schon eine beeindruckende Größe, Foto: Andreas Moss.

Fische wurden natürlich nicht nur von Ramandani, Omari und Frank gefangen. Der Malawisee mit seinen Fischen ist die Lebensgrundlage für die am See lebende Bevölkerung. Ständig sind Fischer mit ihren Einbäumen oder auch kleinen Booten auf dem See, um Fische für ihre Familien oder für den Markt zu fangen. Eimerweise werden die Fische aus dem See geholt. Für den Markt werden sie auf Schilf getrocknet und so haltbar gemacht. Die Menge der Fische, die für den Zierfischhandel gefangen werden, ist im Vergleich zu denen für die Nahrungsmittelgewinnung verschwindend gering. Der wirtschaftliche Wert des einzelnen Fisches für die am Fang Beteiligten und für den Staat Tansania liegt aber beim Zierfischfang deutlich höher. So erhebt der Staat Tansania eine Exportabgabe bei der Ausfuhr pro lebenden Fisch. Im Jahr 2006 lag diese bei 7 US-Dollar. Auch wenn nicht für jeden Fisch die Abgabe korrekt bezahlt wird, könnte allein von der Abgabe für drei Fische ein Kind in Tansania einen Monat lang zur Schule gehen und das einschließlich Unterkunft und Verpflegung. Auch wenn nicht jedes Tier vom Fang bis zur Exportstation überlebt, kann mit dem Zierfischhandel eine deutlich höhere Wertschöpfung aus dem Fischfang gezogen werden, als bei einer ausschließlichen Nutzung als Lebensmittel.

Die nächsten zwei Wochen bestanden aus schlafen, essen, tauchen, tauchen und tauchen.

Abb. 10 Die Mbunas sind bei vielen Aquarianern sehr beliebt, Foto: Andreas Moss.

In der Regel gab es eine Ausfahrt am Morgen und eine Ausfahrt am Nachmittag. Zum Essen sind der Autor und Albert M. ins Kloster gegangen, während die Fänger sich am Strand selbst versorgt haben. Auf den ersten Blick mag das etwas dekadent oder feudalistisch erscheinen. Auf den zweiten Blick war es aber sicher so, dass Ramandani und Omari froh waren, die Europäer, auf die sie sonst ein Auge haben mussten, auch mal los zu sein. Abends traf man sich auf der Terrasse von Pfarrer Einhard auf eine warme Cola oder eine Flasche warmes Bier (einen Kühlschrank gab es in ganz Lupingo nicht), das der Pfarrer für umgerechnet 1,5 Euro verkaufte. Die herrliche Aussicht über den See im Abendlicht entschädigte die Temperatur des Bieres um ein Mehrfaches. Bei den Gesprächen wurde schnell klar, dass weder die Anwohner noch die Fischer eine Vorstellung davon hatten, wie ihr See unter der Oberfläche oder die Fische, die sie nahezu täglich essen, lebend aussehen. So entstand die Idee zumindest Pfarrer Einhard und den Dorflehrer mal Arm in Arm am Reserveatemregler mit unter Wasser

Abb. 11 Die Hälterungsanlage in der Exportstation in Dar es Salaam, Foto: Andreas Moss.

zu nehmen. Der Plan wurde gleich am nächsten Tag umgesetzt und auf 2-3 m Tiefe konnten sich beide ein Bild von der Unterwasserwelt machen. Sie waren begeistert! Allerdings hatte Pfarrer Einhard angesichts des Fischreichtums seitdem kein Verständnis mehr für das Gejammer der Fischer, dass der Fisch so schwierig zu fangen sei.

Einmal drohte das Tauchen beendet zu sein, da der kleine benzinbetriebene Kompressor zum Füllen der Druckluftflaschen streikte. Nachdem der Autor gesehen hatte, wie Omari den Kompressor auf einer alten Decke im Sand vollständig, einschließlich Kolben, Zylinder und Dichtungen zerlegt hatte, war er sicher, dass es mit dem Tauchen endgültig vorbei wäre. Umso

Abb. 12 Im Fischhaus werden die Fische für den Export vorbereitet, Foto: Andreas Moss.

größer war die Verwunderung und Freude, als zwei Stunden später der Kompressor wieder fröhlich ratternd das Dorf mit Akustik versorgte und die Tauchflaschen mit Druckluft füllte. Auch an anderen Stellen bewiesen die Einheimischen großes Geschick beim Reparieren und Improvisieren. So klebte z. B. Ramadani einen geplatzten Dichtungsring eines Atemreglers mit Sekundenkleber so zusammen, dass er wieder brauchbar war.

Auch wenn zum Tauchen und zum Fischfang immer wieder andere Orte angesteuert wurden, gestalteten sich die Tauchgänge ähnlich, wobei es jedes Mal kleine Besonderheiten gab. So konnte regelmäßig beobachtet werden, wie ein Fischweibchen ihre Jungen mit dem Maul bei

Gefahr einsammelte. Die meisten Malawiseebuntbarsche gehören zu den Maulbrütern. D. h., die Eier werden unmittelbar nach der Eiablage ins Maul genommen und dort bis zum Schlupf ausgebrütet. Den Jungfischen wird dann noch für eine Weile bei Gefahr Schutz im Maul gewährt. Eine offene Eiablagestrategie wäre im Malawisee auf Grund der Fischdichte nicht erfolgreich, da der Laich regelmäßig gefressen würde. Die Begegnungen mit über 1 m langen Welsen, die eher dämmerungs- und nachtaktiv sind, gehörten ebenso zu den Besonderheiten einiger Tauchgänge wie die Sichtung der blauen Malawiseekrabben, die gut 20 cm groß werden können und damit durchaus beeindruckend sind. Zu den besonderen Tauchgängen gehörten auch die Tauchgänge über den freien Sandflächen, auf denen die Männchen einiger Buntbarsche ihre Laichburgen bzw. -gruben errichtet haben, die sie einschließlich des dazugehörenden Reviers vehement gegen andere Männchen verteidigten, während sie sich bei den Weibchen gerade zu überschlugen und ihre Flossen zum Zerreißen spannten, um sie in die Mitte der Laichgrube zu locken.

Nun, bei jeder Reise kommt ein Ende und so war nach 14 Tagen und 28 Tauchgängen die Zeit den Malawisee wieder zu verlassen. Für die Rückreise hatte Ramadani für sich und seine beiden Gäste Plätze auf der Malawiseefähre bis Kyela gebucht, während Omari mit den Fischcontainern und der Ausrüstung im Boot zurückgefahren ist. Da die Zeitangabe für das Eintreffen der Fähre in der Nacht von Dienstag auf Mittwoch war, hat man sich mit allen anderen Fahrgästen abends am Strand getroffen und gewartet. Letztlich kam das Schiff um 4 Uhr in der Nacht und damit entsprechend der Angabe im Fahrplan noch pünktlich. Umsichtigerweise hatte Ramadani Kabinen der ersten Klasse gebucht. Nach einem kurzen Blick in die zweite und dritte Klasse war klar, dass das ungeachtet aller Abenteuerlust und möglicher Dekadenzvorwürfe die richtige Entscheidung war. Ramadani hatte sich gleich nach der Ankunft der Fähre in Kyela mit dem Transporter und den Fischen auf den Weg nach Dar es Salaam gemacht. Für die beiden Europäer gab es noch einmal das Vergnügen einer Nacht in dem ersten Hotel des Ortes, ehe sie von Omari am nächsten Tag zum Bus nach Dar es Salaam gebracht wurden. Dort verabschiedete sich Omari auch von seinen Gästen, weil er in Kyela zu Hause war. Da Ramadani schon am Vortag gefahren war, war er pünktlich zur Abholung am Busbahnhof in Dar es Salaam. Die restlichen Tage bis zum Abflug wollte er seine Gäste im Wohnhaus der Exportstation beherbergen. Dabei ergab sich noch mal die Gelegenheit, die Exportstation aber insbesondere die Betonbecken und das Fischhaus näher zu besichtigen. In den Betonbecken schwammen Fische aus dem Malawi- und aus dem Tanganjikasee. Darunter waren einige Raritäten, die ein Aquarianerherz höher schlagen lassen, wie z. B. die seltenen blau-weiß gesprenkelten Farbvarianten einiger Mbunas, die auch als ‚Marmelade Cat' bezeichnet werden.

Während die Betonbecken zur längerfristigen Zwischenhälterung genutzt wurden, war das Fischhaus für die kurzfristige Hälterung unmittelbar vor dem Export. Die Aquarien im Fischhaus boten die Möglichkeit, die Fische auf ihren Gesundheitszustand zu überprüfen und sie nach Art und Größe zu sortieren. Die Exporte gingen von Dar es Salaam in die ganze Welt, wobei Japan, Deutschland und die Vereinigten Staaten von Amerika die Hauptabnehmer waren. Um einen möglichst schonenden und stressfreien Transport mit einem möglichst geringen Sauerstoffverbrauch sicherzustellen, wurde dem Wasser ein Narkotikum, vor Ort als ‚Sleeping Medizin' bezeichnet, zu gegeben, so dass die Fische ihre Reise nicht bewusst miterleben mussten.

Da die Exportstation abgesehen von den Fischen relativ trostlos und die Zeit in Tansania zu wertvoll war, haben der Autor und Albert M. die weitere Gastfreundschaft ausgeschlagen und sich in einem guten Hotel am Strand von Dar es Salaam eingebucht, um die restlichen Tage im und am indischen Ozean tauchend und entspannend zu verbringen, ehe sie von Ramadani zum Flughafen begleitet und verabschiedet wurden.

Das Flugzeug wurde mit dem festen Vorsatz wiederzukommen bestiegen, um dem traumhaften Erlebnis eine Fortsetzung zu geben!

Lichtverschmutzung ist auch ein ökologisches Problem

Franz Hölker

Ein tagheller Nachthimmel, künstlich angestrahlt durch unzählige Lichter. Da Licht positiv mit Werten wie Sicherheit, Wohlstand und Modernität besetzt ist, neigen wir dazu unsere Umgebung intensiv zu beleuchten. Doch was unschätzbare Vorteile bringt, hat auch eine Schattenseite: Die Lichtverschmutzung – verstanden als die Verschmutzung des natürlichen, nächtlichen Lichts durch künstliches Licht – nimmt zu. Der Stromverbrauch der nächtlichen Beleuchtung stellt mit ca. 19 % des weltweiten Stromverbrauchs eine wichtige Quelle von Treibhausgasemissionen dar. Auswirkungen auf Mensch und Natur durch künstliches Licht sind bisher weitestgehend unbekannt. Ganzheitliche Ansätze und eine differenzierte Untersuchung der Auswirkungen des künstlichen Lichts gibt es jedoch derzeit nicht. In dem weltweit einzigartigen Verbundprojekt „Verlust der Nacht" (gefördert vom Bundesministerium für Bildung und Forschung) untersuchen Wissenschaftler nun erstmals gemeinsam die ökologischen, gesundheitlichen sowie kulturellen und sozioökonomischen Auswirkungen, aber auch die Ursachen für die zunehmende Beleuchtung der Nacht. Auf dieser Grundlage sollen Lösungsansätze für moderne Beleuchtungskonzepte und nachhaltige Techniken entstehen. Im Naturpark Westhavelland werden erstmals strukturelle und funktionelle Auswirkungen von künstlichem Licht auf ein ursprünglich unbeleuchtetes Ökosystem untersucht. Zudem werden sowohl in Berlin als auch in einer kleinen Kommune Modernisierungsmaßnahmen jeweils vor und nach einer Umrüstung wissenschaftlich begleitet. Anhand von Fragebögen sowie simultaner Erfassung ausgewählter physiologischer, sozialwissenschaftlicher und ökologischer Parameter werden die Auswirkungen einer veränderten Beleuchtungstechnik auf Natur und Mensch untersucht.

Licht wird von Tieren unterschiedlich wahrgenommen

Der Nachthimmel wird weltweit durch einen sechsprozentigen Zuwachs an Beleuchtung jedes Jahr stetig heller. Dadurch haben sich die Lichtimmissionen der städtischen und ländlichen Nachtlandschaften sowohl quantitativ als auch qualitativ grundlegend verändert. Die Aufstellung neuer Beleuchtungssysteme geschieht oftmals, ohne über die ökologischen Folgen nachzudenken. Je nach Lichtstärke, Farbspek-

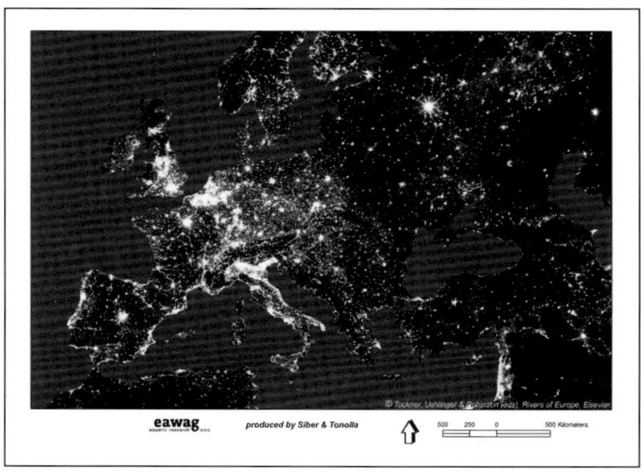

Abb. 1 Die Aufnahme „Europa bei Nacht" veranschaulicht das Ausmaß der künstlichen Beleuchtung der Nacht.

Abb. 2 Menschen siedeln bevorzugt an Gewässern, daher sind diese Ökosysteme auch besonders von Lichtverschmutzung betroffen, Foto: A. Hänel.

trum sowie Zeitpunkt und Dauer der Beleuchtung kann jede einzelne Lichtquelle mitunter negative Folgen auf lichtsensible – zumeist nachtaktive – Organismen haben. Rund 30 Prozent aller Wirbeltiere und mehr als 60 Prozent aller Wirbellosen sind nachtaktiv. Viele Arten nehmen Bereiche des Lichtspektrums wahr, die für den Menschen nicht beziehungsweise kaum sichtbar sind. So reagieren beispielsweise zahlreiche Insekten, Krebse und Fische auf Licht im ultravioletten Bereich. Abgesehen von Natriumdampf-Niederdrucklampen und LED senden fast alle gängigen im Außenbereich verwendeten Lampentypen Licht in diesem Spektralbereich aus. Wieder andere Vogel-, Fisch- und Krebsarten sowie einige wenige Insektenarten haben eine hohe spektrale Augenempfindlichkeit im orange-roten Bereich, einem Spektralbereich, in dem eigentlich alle Leuchtmittel – insbesondere Natriumdampf-Niederdrucklampen – Licht emittieren. Egal welchen Lampentyp man also verwendet, stets weisen einige Organismen eine spektrale Übereinstimmung der künstliche Lichtimmissionen mit ihrer Augenempfindlichkeit auf. Besonders kompliziert ist die Situation in Siedlungsgebieten, da sich dort die Lichtemissionen der vielen verschiedenen Lampentypen addieren können und so ein sehr breites Lichtspektrum abgedeckt wird. Problematisch sind sowohl der nach oben abgestrahlte und reflektierte Anteil des Lichts, der für die bekannten Lichtglocken und ein erhöhtes Beleuchtungsniveau über und in den Städten verantwortlich ist, als auch der direkte Einfluss einer Leuchtquelle auf Organismen.

Künstliches Licht kann das Verhalten von Tieren, wie beispielsweise von Fischen, beeinflussen

Menschen siedeln bevorzugt am Gewässer, daher sind auch Flüsse, Seen und Küstenregionen besonders von Lichtverschmutzung betroffen. Bisher wurde jedoch kaum wissenschaftlich untersucht, welche Auswirkungen Lichtverschmutzung auf Gewässerökosysteme haben kann.

Punktuelle Lichtquellen bewirken Verhaltensänderungen wie Desorientierung, Anlockung, Erstarrung oder Abschreckung. Dies kann sich wiederum auf tägliche oder jahreszeitliche Wanderungen, Nahrungsaufnahme, Kommunikation und Fortpflanzung auswirken. In vielen Seen ist das Lichtniveau beispielsweise ein wichtiger Steuerfaktor für die täglichen vertikalen bzw. horizontalen Wanderungen von Organismen (z. B. Wasserflöhe, Fische). Licht kann die Wanderungsamplitude dieser Tiere deutlich beeinflussen.

Brückenbeleuchtung stellt eine potentielle Migrationsbarriere dar, bei der Wanderfischarten wie Lachs, Forelle und Aal unnötig viel Energie verbrauchen, welche später fehlen könnte. Irritiert werden auch Vögel, die auf ihren Zügen einem Sternenkompass folgen, oder Insekten, wenn sie Laternen mit dem Mond verwechseln. So verenden während der Sommermonate jede Nacht durchschnittlich etwa 150 Insekten pro Straßenlaterne. Bei etwa acht Millionen Straßenlaternen in Deutschland werden Milliarden von Insekten ihrem Lebensraum entzogen („Staubsaugereffekt") und können dort nicht mehr der Nahrungs- und Partnersuche nachgehen. Dies betrifft besonders Gewässer, den typischen Lebensraum von zahlreichen lichtsensiblen Insekten im Larvenstadium. In warmen Sommernächten werden besonders viele frisch geschlüpfte Insekten von künstlichem Licht angelockt. Spitzenwerte dieses Staubsaugereffekts entsprechen der Schlupfrate aus einem 1300 Meter langen Bachabschnitt pro Nacht. Dort fehlen sie dann als Nahrungsgrundlage für Fische und Vögel. So kommt es zu einer Artenverschiebung, bei der es allerdings auch Profiteure gibt. Einige Spinnenarten bauen ihre Netze bevorzugt an Straßenlaternen und erbeuten so desorientierte und erschöpfte Insekten. Auch einige Fledermausarten profitieren von angelockten Insekten. Andere Fledermausarten hingegen werden von Lichtquellen abgestoßen. Nahrungsnetze werden somit durch Lichtverschmutzung verzerrt. Die um diese Insekten „beraubte" Landschaft wird nicht nur artenärmer, sondern auch ökologisch anfälliger, beispielsweise gegenüber der Massenvermehrung

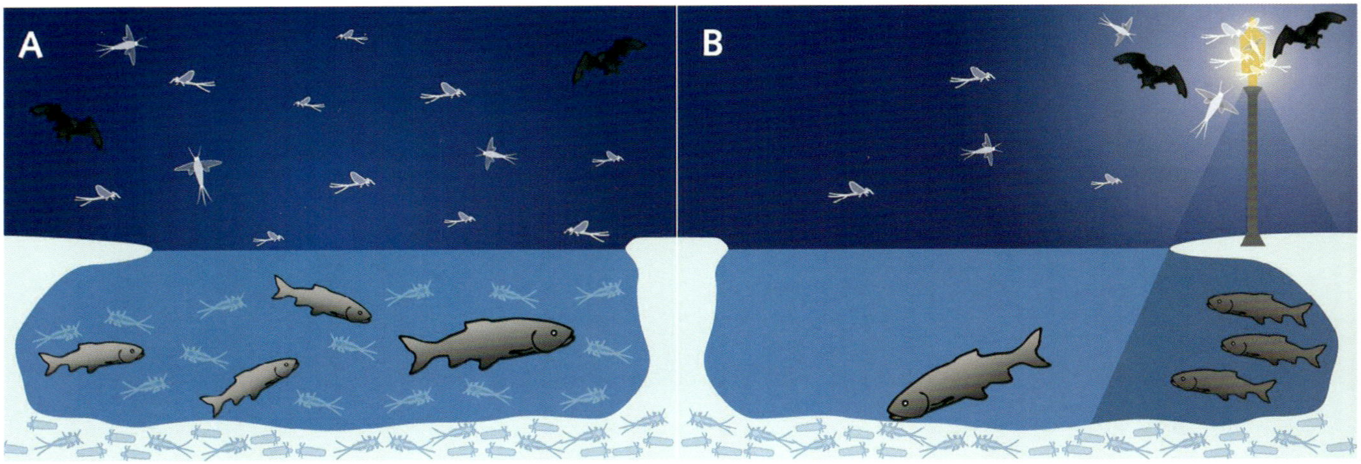

Abb. 3 Die schematische Darstellung zeigt mögliche Verschiebungen von Nahrungsnetzen eines Flussökosystems unter natürlichen Bedingungen bei Nacht (A) und das gleiche System unter dem Einfluss von künstlicher Beleuchtung bei Nacht (B). Dabei ist die Hypothese, dass unter dem Einfluss von nächtlicher künstlicher Beleuchtung kleine Fische Schutzzonen aufsuchen und sich weniger im offenen Wasser aufhalten, große Fische im Freiwasser verbleiben und durch die künstliche Beleuchtung in der Lage sind, frei driftende Kleinstlebewesen zu sehen und zu fressen. Die Folge wäre, dass nur Insektenlarven und andere Kleinstlebewesen, die sich verstecken, in der Lage sind zu überleben. Viele Insekten haben eine Lebensphase, die sie im Wasser verbringen (z. B. Mücken, Köcherfliegen, Libellen). Einige Fledermausarten haben diese als Beute und profitieren von den vielen Insekten, die gerade an Gewässern um Straßenlaternen herumschwirren. Diese können vielen Fischen wieder als Nahrungsgrundlage fehlen.

bestimmter Arten. Da viele Organismen sich im Laufe der Evolution an die tageszeitlichen, lunaren und jahreszeitlichen Rhythmen angepasst haben, kann es aber nicht nur zu ökologischen Auswirkungen durch Lichtverschmutzung kommen. Auch evolutionäre Folgen der rapiden Veränderung der Nachtlandschaft auf Organismen sind zu erwarten. Zwar wird es in städtischen Zentren zukünftig viele lichtsensible Arten nicht mehr geben, aber einige Arten, insbesondere jene mit kurzen Generationszeiten wie Wasserflöhe und Insekten, werden sich möglicherweise evolutionär an die neue Lichtsituation anpassen – oder haben es bereits getan. Auch Ökosystemdienstleistungen können durch Lichtverschmutzung beeinflusst werden. Neben kulturellen Werten zählen dazu unter anderem die Bestäubung von Kultur- und Naturpflanzen durch Nachtschmetterlinge, die Veränderung von Nahrungsnetzen und damit der Produktivität des Systems, oder die Verschiebung und Abnahme der natürlichen biologischen Vielfalt.

Wie wird die innere Uhr „gestellt“?

Das Leben auf der Erde unterliegt dem ständigen rhythmischen Wechsel von Tag und Nacht, Licht und Dunkelheit. In gleicher Weise, in der sich Lebewesen an ihren Lebensraum anpassten, müssen sie dies auch für bestimmte Zeitabschnitte des Tages tun. Schon im 18. Jahrhundert erstellte der Naturforscher Linné eine Blumenuhr anhand der spezifischen Blütenöffnungszeiten verschiedener Arten im Tageslauf. Heute wissen wir, dass bei fast allen Organismen Tagesrhythmen vorhanden sind.

Die Grundlage dieser Rhythmik sind Gene, die auf zellulärer Ebene einen Takt erzeugen. Diese Takte werden durch einen Schrittmacher mit der Außenwelt synchronisiert. Bei Säugern befindet sich dieser Schrittmacher im Gehirn, dem Nucleus suprachiasmaticus, einem Teil des Hypothalamus, bei den meisten anderen Wirbeltieren, wie auch bei Fischen, wird der Rhythmus über das Pinealorgan (Zirbeldrüse) gesteuert.

Unter natürlichen Bedingungen sind alle Rhythmen im Körper aufeinander und mit dem Tag-Nacht-Rhythmus abgestimmt. Hält man ein Tier jedoch im Dauerdunkel, weicht der Rhythmus geringfügig von 24 Stunden ab und nimmt eine eigene, endogen bestimmte, d. h. im Körper selbst erzeugte Rhythmik an. Diese endogene Periodenlänge liegt artspezifisch zwischen 22 und 28 Stunden und wird als zirkadian (lateinisch bedeutet das: „etwa ein Tag") bezeichnet. Wir können die endogene Rhythmik mit einer inneren Uhr vergleichen, die etwas zu schnell oder zu langsam geht. Um die innere Uhr mit der Umwelt zu synchronisieren, brauchen wir periodisch auftretende, äußere Signale, so genannte Zeitgeber. Der stärkste Zeitgeber ist Licht. Eine deutliche Veränderung der Lichtintensität, beispielsweise bei Sonnenaufgang, stellt den Rhythmus der inneren Uhr auf Null, sodass die Periodenlänge erneut abgespielt wird.

Die Kopplung zwischen Schrittmacher und Körper erfolgt durch das Hormon Melatonin, das ausschließlich in der Dunkelheit der Nacht im Pinealorgan produziert wird. Licht hemmt die Produktion von Melatonin. Durch die Veränderungen im Melatoninspiegel werden die verschiedenen Funktionen des Körpers so synchronisiert, dass er sich am Ende der Ruhephase rechtzeitig auf Aktivität vorbereiten kann, um voll einsatzfähig zu sein. Gleichzeitig ermöglicht eine Synchronisation aller Körperfunktionen effektives Regenerieren während der Ruhephase und stellt Ressourcen für wichtige Stoffwechselvorgänge wie Wachstum frei.

Das Signal zum Stellen der inneren Uhr ist der Wechsel zwischen Hell und Dunkel und damit natürlicherweise die Dämmerung. Verringert sich der Unterschied in der Lichtintensität zwischen Tag und Nacht, wird das Signal schwächer. Dies kann dazu führen, dass die innere Uhr nicht mehr korrekt gestellt wird und die Synchronisation innerhalb des Organismus und mit seiner Umwelt gestört wird.

Berechenbare Aktivitätszeiten sind lebensnotwendig für Tiere. Sie erleichtern zum einen das Auffinden von Paarungspartnern oder Beutetieren und zum anderen das Vermeiden von Nahrungskonkurrenten oder Fressfeinden. Die Trennung in tag- und nachtaktive Arten erlaubt zwei teils völlig unterschiedlichen Artengemeinschaften den gleichen Lebensraum zu nutzen.

Über die ökologischen Folgen der nächtlichen Beleuchtung wissen wir bisher nur wenig. Die Aktivitätszeit nachtaktiver Tiere wird verringert, womit ihnen weniger Zeit zur Nahrungssuche zur Verfügung steht. Verschiebungen saisonaler

Verhaltensweisen können einschneidende Auswirkungen auf die Überlebenschancen haben. In Gebieten, in denen es nachts nie dunkel wird, kann das Zeitgebersignal Dämmerung sogar ganz ausbleiben. Der Lebensraum Nacht verschwindet.

Literatur

PERKIN, E. K., HÖLKER, F., RICHARDSON, J. S., SADLER, J. P., WOLTER, C., TOCKNER, K. (2011): The influence of artificial light on stream and riparian ecosystems: questions, challenges, and perspectives. - Ecosphere 2(11): 122. doi:10.1890/ES11-00241.1.

Wie schlau ist der Schwarm?

Jens Krause

Gemeinsam sind sie klüger – viele Tiere leben im Schwarm: Vögel, Insekten und auch Fische bestreiten ihr Leben in der Schar. Etwa 60 Prozent aller Fischarten bewegen sich in größeren Gruppen. Das Leben in der Gemeinschaft hat sich für viele Arten bewährt, so ist jedes Individuum beispielsweise besser vor Räubern geschützt. Nähert sich ein Feind, dann flitzen die Fische in alle Richtungen davon, oder nehmen eine sanduhrförmige Gestalt an, die Räuber irritiert. Im Gewimmel der Fischleiber fällt es einem Räuber schwer, einen einzelnen Fisch ins Visier zu nehmen. Es gibt noch andere Gründe für Fische, sich im Schwarm zu orientieren. In Gewässern ist das Futter dreidimensional verteilt, jeder Fisch orientiert sich in Richtung des höchsten Futtergehaltes. Tausend Augen sehen mehr als zwei, so kann die Gruppe Nahrung besser aufspüren. Dies allein macht jedoch noch nicht den Vorteil der Gruppe aus, denn erst wenn die Tiere im Kollektiv bessere Entscheidungen fällen als das Individuum spricht man von Schwarmintelligenz. Prof. Dr. Jens Krause leitet am Leibniz-Institut für Gewässerökologie und Binnenfischerei (IGB) die Abteilung „Biologie und Ökologie der Fische". Den Verhaltensökologen interessiert der Schwarm. Seine Arbeitsgruppe untersucht die Mechanismen und Funktionen des Gruppenlebens bei Tieren und Menschen. Anhand von Experimenten im Feld und im Labor, aber auch anhand von Computersimulationen erforscht das Team die verschiedenartigen Vor- und Nachteile dieser Organisationsform.

Ein Roboterfisch kann den Schwarm führen – oder auch nicht

Jens Krause hat einen Roboterfisch entwickelt, mit dem er das Verhalten von Fischschwärmen untersucht. In einem 75 mal 75 Zentimeter großen Becken schwimmt der Robofisch – ein fünf Zentimeter großer Stichling aus Kunststoff, angetrieben von einem Magneten unter dem Aquarienboden. Der Robofisch bietet den Forschern die Möglichkeit, eine totale Kontrolle über einen einzelnen Fisch im Schwarm zu haben. Mittels eines Knopfdrucks können die Wissenschaftler entscheiden, wann der Robofisch nach rechts oder links abbiegt, um dann zu beobachten, wie der Rest des Schwarms auf diese Einzelentscheidung reagiert. Nach anfänglichem Zögern akzeptiert der Schwarm den Fremdling trotz seines merkwürdigen Verhaltens. Schließlich folgen die anderen Fische ihm sogar. Jens Krause setzt den Schwarm in seinen Versuchen unterschiedlichen Situationen aus und positioniert beispielsweise Futter oder einen künstlichen Feind in dem Becken. Der Robofisch soll seine lebenden Verwandten zu einem Verhalten verleiten, das ihnen von Natur aus fremd ist. Die Bewegungen der Tiere werden mit einer Kamera festgehalten. Folgen sie dem falschen Fisch, selbst wenn er direkt auf den Räuber zu schwimmt oder sie am Futter vorbei führt? Der Schwarm soll sich also zwischen mehreren Optionen für die günstigere entscheiden.
Zunächst ist der Test-Schwarm klein: Nur zwei Fische sind mit dem Roboterfisch im Aquarium. Der kleine Schwarm lässt sich tatsächlich vom Futter ablenken und hat sich somit von seinem

Abb. 1 Prof. Dr. Jens Krause erforscht kollektives Verhalten und Schwarmintelligenz, Foto: Dietmar Gust.

künstlichen Artgenossen zu einer ungünstigen Entscheidung verleiten lassen. Nun stellt sich die Frage, ob sich ein größerer Schwarm genauso leicht manipulieren lässt wie ein kleiner. Tatsächlich folgt der größere Schwarm dem Robofisch zum Futter, lässt sich aber nicht weglocken. Der Schwarm hat sich über den Robofisch hinweggesetzt und eine klügere Entscheidung getroffen. Das bedeutet, dass der Schwarm in einer Situation, in der ein Führerfisch eine schlechte Entscheidung fällt, diese nicht unbedingt übernehmen wird. Nur wenn ein bestimmter Prozentsatz des Schwarms das Verhalten ausführt, wird der Rest folgen. Dieses Prinzip der sozialen Schwellenwerte ist eine Form von Schwarmintelligenz. Wenn der scheinbare Informationsvorsprung eines Führerfisches mit dem eigenen Wissen kollidiert, ist der Drang zum Kopieren offenbar abhängig von der Anzahl der Individuen, die dieses Verhalten imitieren. Ein Schwarm ist nicht dumm, das Kopieren und Folgen ist eben nur ein besonders effizientes Mittel, um schnell zu Richtungsentscheidungen zu kommen.

Abb. 2 Der Robofisch sieht aus wie ein Stichling und wird von seinen lebenden Artgenossen wie ein echter Fisch akzeptiert. Den Wissenschaftlern dient er zur Erforschung des Schwarmverhaltens bei Fischen, Foto: IGB.

Fünf Prozent können einer Gruppe Richtung geben – bei Menschen und bei Fischen

Die Arbeitsgruppe von Jens Krause hat bei den Untersuchungen an Fischen festgestellt: Sobald eine bestimmte Anzahl der Tiere eine einheitliche Richtung vorgeben, folgt der Rest. Zu dem gleichen Ergebnis kamen die Wissenschaftler auch bei Untersuchungen mit Menschengruppen.

Mit einer Hochgeschwindigkeitskamera konnten die Forscher den Richtungswechsel des Schwarms in Zeitlupe untersuchen: Es sind nicht alle Fische, die zeitgleich drehen, sondern einige wenige, die in Sekundenbruchteilen den Weg für alle vorgeben. Die Wissenschaftler entwickelten daraus eine Computersimulation. Danach reichen fünf Prozent einer Gruppe aus, um einen Schwarm zu lenken. Genau diese Theorie testete Krause bei einer Gruppe von Studenten – mit Erfolg. Im nächsten Schritt bestätigte er die fünf-Prozent-Regel in einem Großexperiment mit 200 Menschen. Dabei folgt die Masse den wenigen Führern – ohne zu ahnen, dass es sie gibt. Denn bei dem Experiment gilt: Die Teilnehmer kennen nur einige der Ziele und Regeln. Sie wissen nur, dass allgemein die Bewegungsdynamik großer Gruppen von Interesse ist. Was im Einzelnen hinter den Experimenten steckt, haben die Forscher ihnen nicht gesagt, damit die Probanden den Ausgang der Versuche nicht beeinflussen. Im Menschenschwarm herrscht striktes Redeverbot, damit dieselben Voraussetzungen gelten wie in einem Tierschwarm. Die allgemeinen Gesetze für jeden Schwärmer sind einfach: Bleibe immer in Bewegung und bleibe immer etwa eine Armlänge entfernt von den anderen Schwärmern um Dich herum. Im ersten Durchgang gelten die beiden allgemeinen Schwarmgesetze für alle: Bewegung und gleich bleibender Abstand voneinander. Der Schwarm bewegt sich also, hat aber kein konkretes Ziel. Beim Versuchsstart hat er die Form einer ungeordneten Wolke, alle laufen durcheinander. Doch sehr schnell formiert sich die Menge: Eine um sich selbst rotierende Walze mit einem Loch in der Mitte entsteht, ein so genannter Thorus. Diese Form bildet sich spontan: Jeder läuft hinter dem anderen her – so muss niemand ausweichen und die Gefahr von Zusammenstößen ist klein. Etwas Ähnliches haben die Forscher auch bei Haischwärmen beobachtet. Was aber überraschend war: Statt dass sich alle in dieselbe Richtung bewegen, laufen die menschlichen Schwärmer in ihrer Walze in zwei Streifen

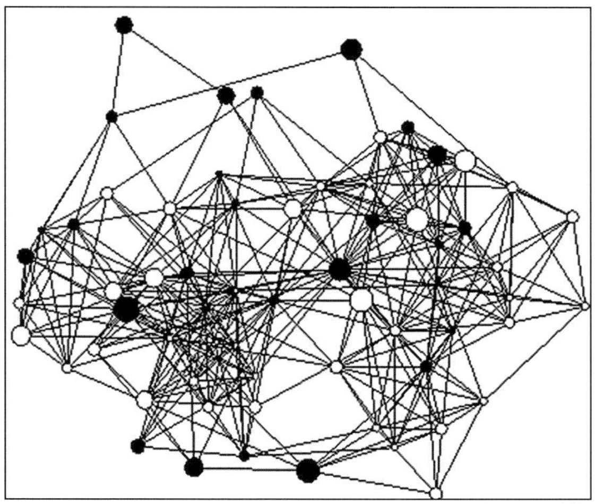

Abb. 3 Bei Fischen zeigen kooperative Individuen eine starke Tendenz, sich mit anderen kooperativen Fischen zu vernetzen und unkooperative Individuen zu vermeiden. Die Stärke der kooperativen Neigung der Individuen ist durch die Größe des Symbols veranschaulicht. Männchen sind schwarz und Weibchen weiß dargestellt, Abbildung: J. Krause.

mit entgegengesetzen Laufrichtungen. In verschiedenen Teilversuchen bekommen einige Probanden nun geheime Sonderanweisungen: In einem Teilversuch bekommen unterschiedlich viele Schwärmer individuell die Aufgabe, auf ein Ziel zuzugehen. Bei 10 zielgerichteten Schwärmern schaffen diese es, den gesamten Schwarm zu ihrem Ziel mitzunehmen. Es reicht also, wenn fünf Prozent (10 von 200) ein Ziel kennen, um den ganzen Schwarm dort hin zu bringen. Doch der Versuch bringt noch eine weitere Erkenntnis: Führerschaft im Schwarm kommt nur durch den Besitz von Information zustande. Jeder, der etwas weiß, kann den Schwarm leiten.

Gemeinsam klüger und schneller

In einem anderen Experiment an Fischschwärmen wurde eine Feindattrappe aus Plastik an der Weggabelung eines Y-förmigen Beckens positioniert. Die Tiere konnten entscheiden, ob sie den Weg mit Raubfisch wählen, oder den sicheren Kanal entlangschwimmen. Als einzelne Fische schwammen 45 Prozent der Tiere in diesem Experiment direkt in die Fänge ihres künstlichen Feindes. Im Schwarm aus 16 Fischen verlief der Versuch ganz anders: Mit 90 prozentiger Wahrscheinlichkeit bog die Gruppe in den sicheren Kanal ein. In seinen Versuchen hat Jens Krause herausgefunden: Je größer die Gruppe, desto klüger und schneller entscheidet sie.

Dabei ist ein Fischschwarm keine feste Gemeinschaft. Die Fische bilden ein offenes System – ein „Fusion-Fission-System". Fischschwärme formieren sich immer wieder neu, in anderen Besetzungen. Jens Krause konnte beispielsweise in einem See in Trinidad an Guppys beobachten, dass etwa alle 14 Sekunde unterschiedliche Schwärme aufeinandertreffen und sich dabei neu vermischen. Das unterscheidet sie von anderen Tieren wie beispielsweise Ameisen, die stabile Kolonien bilden. Dennoch sind Fischschwärme keine anonyme Menge. An Untersuchungen mit unterschiedlich markierten Guppys beispielsweise fanden die Forscher heraus, dass diese in ihrer Interaktion recht selektiv sind und es auch im Fischschwarm durchaus zur Cliquenbildung kommen kann: So bilden sich Fischgemeinschaften, die mit dem Rest der Population weitaus schwächer verbunden sind. Dabei zeigen kooperative Individuen eine starke Tendenz, sich mit anderen kooperativen Fischen zu vernetzen und unkooperative Individuen zu vermeiden. In einer Untersuchung zeigte sich beispielsweise, dass sich die Formation im Schwarm änderte, sobald sich ein Angreifer näherte: Die Tiere schwammen dann immer zu den gleichen vertrauten Artgenossen. Große Weibchen wurden dabei besonders häufig als Schwimmgefährtinnen ausgewählt.

Doch wie kommunizieren die Tiere miteinander? Mit einer hochauflösenden Kamera hat der Wissenschaftler Ashley Ward das Verhalten von Moskitofischen untersucht. Und er hat festgestellt, dass die Fische stets versuchen, den Abstand zum Nachbarn konstant zu halten. Schlägt der Fisch an seiner Seite eine neue Richtung ein, folgt der andere prompt. Der einzelne Fisch achtet dabei auf seine Artgenossen in der direkten Umgebung und hat keinen Überblick über den Schwarm. Das unterscheidet sie

Abb. 4 Foto von einer Videoaufnahme, bei der Wissenschaftler bei einem Tauchgang das Verhalten eines Sardinenschwarmes untersuchen, Foto: IGB.

beispielsweise von Vögeln – Tauben behalten bis zu sieben andere Artgenossen im Blick. Im Schwarm halten sich alle Individuen an drei einfache Regeln. Erstens: Bewege dich auf das Zentrum der Tiere zu, die du in deinem Umfeld siehst. Zweitens: Bewege dich in dieselbe Richtung wie deine Nachbarn. Und drittens: Pass auf, dass dir niemand zu nahe kommt.
Das kollektive Verhalten läuft bei Fischen also meist über den visuellen Sinn und das Seitenlinienorgan. Gerüche sind bei Fischen bei der sozialen Erkennung aber sehr wichtig.

Schwarmintelligenz für unsere Gesellschaft nutzen

Gruppendynamik wird auch für Unternehmen in der Ausrichtung des Managements und der Personalpolitik zunehmend zum Thema. Denn

Natur und Ökonomie haben viele Gemeinsamkeiten: In beiden Systemen spielen Prinzipien wie Wettbewerb, Organisation, Kooperation, Kundenansprache und Ressourcenmanagement eine bedeutende Rolle. Inwiefern kann man die Intelligenz der vielen Mitarbeiter nutzen, um beispielsweise die Entscheidungen in Unternehmen zu optimieren? Die Forschung kann aus den informationsverarbeitenden Prinzipien, die sie in Schwärmen in der Natur beobachtet, Anregungen für Veränderungen in Unternehmen liefern und umgekehrt ist es für Wissenschaftler interessant zu hören, welche Problemstellungen Firmen dazu bringen, sich mit neuen Formen des Managements wie Schwarmintelligenz zu beschäftigen. So werden Jens Krause und andere Kollegen, die an Tierschwärmen forschen, immer wieder als Experten angefragt, wenn es um die Umstrukturierung von Unternehmen oder um die Organisation von Großveranstaltungen geht.

Fische in der Mythologie und als Symbol

Kirsten Preuss

Fische begegnen uns in der Mythologie, in „heiligen Erzählungen“ und weiteren symbolischen Darstellungen von Erfahrungen und Lebenssituationen der Menschen. Sie tauchen als Kulturbringer, Erretter und Erlöser, als Gott sowie als Glückssymbol in der Regel im positiven Kontext auf. In Alt-Peru, in China und Indien, im Mittelmeerraum sowie in Afrika sind Fischmythen und Fischsymbole historisch belegt. So vielfältig wie die geographische Verbreitung sind die Motive, in denen Fische eine Rolle spielen. Im Christentum ist der Fisch ein wichtiges Symbol. In Europa finden wir Fische in der Religion, aber auch Fischgestalten in Märchen, Sagen und nicht zuletzt Fisch-Redewendungen.
Dieser Text gibt einen exemplarischen Überblick über die Verbreitung von Fischen in der Mythologie und der Symbolik.

Ein Meeresdämon aus Alt-Peru

Aus den präkolumbischen Hochkulturen sind verschiedene Gefäße in Form von Mischwesen überliefert. Hinter den Tonobjekten steht die Vorstellung der Künstler, dass Götter die Umwelt regieren. Die Gefäße sind Symbole, gestaltete Wünsche, die sich an die beseelte Umwelt wenden. Die Bedeutung der Darstellung ist unbekannt, denn es liegen keine schriftlichen Überlieferungen vor (Meyer 1987). Objekte aus der Mochekultur (an der nordperuanischen Küstenwüste) bedienen sich ebenso der Fischsymbolik, wie Scharrbilder und Gefäße der Nasca-Indianer (der Südküste Perus). Zu ersteren zählt ein Gefäß in Form eines Meeresdämons, letztere bilden mit dem fischgestaltigen Orca jedoch ein Säugetier ab (Wieczorek, Tellenbach2002).

Der indische Fischgott Matsya

Im indischen Sintflutmythos spielt Krishna in der Verkörperung des Fisches Matsya eine zentrale Rolle. In der hinduistischen Mythologie ist Manu der Stammvater der Menschheit, also der indi-

Abb. 1 Der mythologische Fisch Matsya gilt im Hinduismus als Inkarnation Krishnas, aus Wikipedia.

sche Noah. Einst rettete er den Fisch Matsya und hielt ihn weiter in seinem Haus. Als Matsya zum stattlichen Fisch herangewachsen war, bat er Manu, ihn wieder ins Meer zu bringen. Vor dem Abtauchen warnte der Fisch den Mann, dass eine große Flut bevorstehe. Manu baute ein großes Schiff und nahm Tiere, Pflanzensamen, heilige Bücher sowie sieben Weise mit an Bord. Dank der Hinweise und der Hilfe Matsyas überstand Manu mit seinem Schiff die Flut und landete auf dem Gipfel des Himalaya. Der Fisch Matsya gilt als erste von zehn Manifestationen des Vishnu. Diese werden Avatara genannt und treten auf, wenn die Weltordnung aus dem Gleichgewicht gerät (Emrich et al. 2010; Brockington 1998).

Fischgestaltige Kulturvermittler in China, Afrika und im Mittelmeerraum

Dem Mythos nach entstieg Yu, der erste Kaiser der Xia-Dynastie im chinesischen Altertum, dem Leib seines Vaters. Dieser war ein Fisch-Mensch. Yu brachte dem Volk kulturelle Errungenschaften (Böhm 1999). In Beziehung zu dieser Erzählung steht die Bilderschrift der Mosos (ein tibetobirmanesisches Volk), zu der auch Fischgestalten gehören. Der Ursprung dieser Schrift wird bei den Xia vermutet (Böhm 1999). Früheste chinesische Fischdarstellungen finden sich auf Keramik aus dem 5.-3. Jahrtausend. Die Fische besaßen für die chinesische Gesellschaft einen wirtschaftlich-kultischen Aspekt. Erst später überwog die Bedeutung der Tiere für das Vergnügen der Menschen (Emrich et al. 2010).

Wie der chinesische Yu steht der babylonische Fischgott Oannes im Kontext der kulturellen Errungenschaften (in Mesopotamien vor ca. 2400 Jahren). Bei diesem Gott handelt es sich um eine Fischgestalt mit einem zusätzlichen menschlichen Kopf. Oannes hat mit den Menschen Umgang gehabt und ihnen Schrift, Wissenschaften und Künste, städtische Lebensweise und mehr vermittelt. Ihm folgten sieben weitere fischgestaltige Wesen nach (Unterberger 1996).

Dem Fischgott Oannes vergleichbare Wesen finden sich in Afrika bei den Völkern der Dogon und der Bambara in Mali. Das Nommo-Wesen spielt noch heute im Volk der Dogon eine wichtige Rolle. Nommo erscheint unter anderem als Fisch mit großem Kopf. Das Wesen lebt im Himmel und kommt durch den Regen in die Gewässer der Erde. Von diesem „himmlischen Wels" stammen dem Mythos nach die Menschen ab. Nommo hat ihnen die Sprache und verschiedenes Wissen gebracht. Sehr ähnlich ist die Überlieferung vom Wesen Faro der Bambara (Unterberger 1996).

Bis zu 3000 Jahre alt ist der Mythos der philistäischen Fischgötter Dagon und Derketo. Die Philister verehrten im Raum Palästina den bärtigen Fischgott Dagon. Dieser wurde mit menschlichem Oberkörper und Fischleib auf Münzen abgebildet (z. B. Stadtmünzen aus Arwadh, ausgehendes 5. Jahrhundert v. Chr.). Die Fischmensch-gestaltige Göttin Derketo (auch Atargatis genannt) wurde nahe der Stadt Askelon in einem Tempel an einem See voller Fische verehrt. Die Überlieferung besagt, Derketo sei nachts in den See gefallen und vom Fisch gerettet worden. Zum Dank sei der Fisch mit seinen Jungen in den Himmel versetzt worden. Dieser

Abb. 2 Rückseite einer Silbermünze des Demetrius III. mit der Fischmensch-gestaltigen Göttin Derketo, aus Wikipedia.

Mythos wird in Beziehung zum Sternbild der Fische gebracht (Unterberger 1996).
Unterberger (1996) stellt die These auf, dass der Mythos des Fischmensch-gestaltigen Kulturbringers im Vorderen Orient entstanden sei. Er hält die Götter Dagon (der Philister) und Oannes (der Babylonier) auf Grund der geographischen Nähe für vergleichbar und folgert daraus, dass auch Dagon im Mythos als Kulturvermittler fungiert habe.

Historische Fischsymbolik im Mittelmeerraum

Auf dem Diskos von Phaistos (Kreta) ist in der spiralig auf der Tonscheibe angebrachten Schrift auch das Symbol eines Fisches zu sehen. Dieser einmalige Fund aus der Bronzezeit gibt der Wissenschaft bis heute zahlreiche Rätsel auf (Böhm 1999).
Emrich et al. (2010) beschreiben, dass im mesopotamischen Raum Fische als Opfergaben für verschiedene Götter dienten und sich als Darstellungen auf Amuletten fanden. Gewisse Priester trugen Fischverkleidungen. Nach eingehender Beobachtung der Fische wurden Zukunftsvorhersagen getroffen. Für die vorgriechischen Kykladen hatten Fische ähnliche kultische Bedeutung gehabt wie für Kreta und Syrien. Im Alten Ägypten wurden Fische selten geopfert. Es gab heilige, den Göttern zugeordnete Arten. Dafür sprechen nicht zuletzt die Funde von Fischmumien aus Esna und Oxyrhynchos (Emrich et al. 2010).
Im ägyptischen Mythos rettet Isis den Leichnam ihres Gatten, des ägyptischen Königs Osiris. Dessen eifersüchtiger Bruder Seth stiehlt den Leichnam aus dem Sarg und zerreißt ihn in vierzehn Stücke. Isis findet und begräbt jeden Teil des Leichnams. Einzig der Phallus bleibt unauffindbar, da ein Fisch ihn verschlungen hat (Baines & Pinch 1998).
Im griechisch-römischen Mythos sind Fische nicht explizit vertreten (Emrich et al. 2010). Eine typische Darstellung des Sternzeichens Fische in Form von zwei miteinander verbundenen Tieren nimmt Bezug auf die griechische Göttin Aphrodite: Sie flüchtete laut Erzählung mit ihrem Sohn Eros vor dem Ungeheuer Typhon. Aus einem Versteck im Schilf heraus konnten die beiden auf (bzw. in der Verkörperung von) zwei Fischen in Sicherheit gelangen.

Fischsymbolik im Christentum

Wie verschiedene Kulturen des Mittelmeerraumes und des Nahen Ostens entwickelte auch die frühchristliche Kultur eine Fischsymbolik. Diese ist seit dem 2. Jahrhundert in der Litera-

Abb. 3 Mit dem ICHTHYS bekennen sich Christen zu ihrem Glauben, Foto: Kirsten Preuss.

tur greifbar (Lexikon für Theologie und Kirche 1995). Das griechische Wort für Fisch ΙΧΘΥΣ (I-CH-TH-Y-S) wird als Akronym aus den Anfangsbuchstaben der griechischen Worte für „Jesus Christus Gottes Sohn Erlöser" gebildet. Es stellt für Christen ein kurzes Glaubensbekenntnis dar.

Bezüglich des Symbolgehaltes von Fisch-Darstellungen im christlichen Kontext meint Dölger (1922), dass Fischdarstellungen überwiegend zum Zweck der Ausschmückung dienten. Wehrhahn-Stauch (1972) dagegen spricht von christlicher Fischsymbolik und führt sie auf das Bilddenken der hellenistischen Religionsphilosophie zurück, und damit auf Göttermythen der hellenischen Vorzeit und des Alten Orients. Damit folgten „[...] die Christen nur der seit dem Frühhellenismus geübten Praxis, Naturkunde und Religion miteinander zu verbinden." (Wehrhahn-Stauch 1972, S. 3). Das Denken in Bildern sei bis über das Mittelalter hinaus Gemeingut der Christenheit gewesen.

Abb. 4 Fischabbildungen auf Grabplatten, wie hier vom Ohlsdorfer Friedhof, werden als Symbol für die Hoffnung auf das ewige Leben gedeutet, Foto: Michael Wassenberg.

Der Fisch wird in der Bibel in verschiedenen Zusammenhängen erwähnt. So steht er als Heilssymbol für die Gläubigen, die im Himmelreich wie in einem Fischernetz eingesammelt werden (Mt. 13, 47); die Apostel werden zu Menschenfischern (Mt. 4,19; Mc. 1, 17). Fische werden aus dunkler Tiefe in lichte Höhe gezogen, so wie der Mensch zum Heil und ewigen Leben errettet wird (WEHRHAHN-STAUCH 1972, S. 7). Der Fisch dient als Symbol für die Auferstehung Jesu und die Hoffnung der Gläubigen auf das ewige Leben. In diesen Kontext werden verschiedene Fischdarstellungen auf Grabplatten gestellt. Heilssymbolisch wird auch Tob. 6, 2 ff. ausgelegt: „Die Galle des Fisches gibt dem Vater des Tobias das Augenlicht wieder und damit wird gezeigt, daß die Gläubigen erleuchtet und geheilt werden." (WEHRHAHN-STAUCH 1972 S. 16). Im Kontext der Taufe steht das Fischsymbol für den neu getauften Gläubigen. In Ez. 47 wird das Meer durch die Tempelquelle lebendig gemacht – ein „einleuchtendes Bild für die Heilswirkung

Abb. 5 Ägyptische Zâr-Amulette aus dem 20. Jahrhundert, zur Befestigung an der Schläfe – am Kopftuch, unterstützen den Wunsch nach Fruchtbarkeit, Fotos: Wolfgang Kehmeier.

der Taufe“ (Wehrhahn-Stauch 1972 S. 21). Häufig wurden Darstellungen der Taufe Christi mit Fischen im Jordanwasser ergänzt, welche an das Taufsakrament erinnern. Auch wurden Taufbecken mit Fischen geschmückt, weil der Täufling durch den Fisch symbolisiert wurde.

Bibelstellen, die von Fischspeisen berichten, gelten als Hinweise auf die Eucharistie. Die mehrfach erwähnte Speisung der Fünftausend mit fünf Broten und zwei Fischen (Jo. 6, 11-14; Mt. 14, 15-21; Mc. 6, 35-44; Lc. 9, 12-17) sowie die Bewirtung der Jünger nach der Auferstehung Christi mit Fisch vom Kohlenfeuer (Jo. 21, 9-14) stehen in diesem Zusammenhang (Wehrhahn-Stauch 1972 S. 29). Bricht die Gemeinde gemeinsam das Brot, so bezieht sie sich auf die Speisen, die die Jünger mit Christus eingenommen haben. Im Mittelalter sind entsprechend zahlreiche Darstellungen des Abendmahls mit Fischen entstanden.

Die Fisch-Passions-Symbolik bezieht sich nicht zuletzt auf Mt. 17,26: An der Angel Petri (dem Wort Gottes) hänge der, der Fisch genannt wird (Christus). Entsprechend können Darstellungen von Fischen mit einem Kreuz oder einem Anker in den Zusammenhang der Passionssymbolik gebracht werden (Wehrhahn-Stauch 1972, S. 37).

Wenn in der Bibel vom „großen Fisch" die Rede ist, so steht er als Symbol für Christus. Ein anderer großer Fisch ist jener, der Jonas verschlingt (Jona 2, 1). In beiden Fällen kann davon ausgegangen werden, dass die Symbolik sich auf Wale bezieht. Diese Säugetiere sollen hier jedoch nicht näher behandelt werden.

Fische und das Glück

In Japan und China gibt es verschiedentlich eine Beziehung zwischen Symbol und Deutung durch die Lautähnlichkeit von Begriffen. So wird „Fisch" auf Grund der Lautähnlichkeit der Worte mit „Wohlstand" und „Überfluss" in Verbindung gebracht. Fische dienen als Symbol für Überfluss. Fisch wird zu Neujahr verspeist, um in der Zukunft Glück zu haben. Goldfische gelten als zu den buddhistischen Symbolen gehörig und stehen für Erlösung (Emrich et al. 2010).

In der ägyptischen Neuzeit finden sich Fischsymbole auf Amuletten. Nach Seiwert (2007, S. 98) gilt „Der Fisch [...] bekanntlich durch seine Verbindung mit dem Wasser und seiner zahllosen, im Rogen sitzenden Nachkommenschaft als eines der gesegnetsten Tiere." Das hier gezeigte Amulett steht in Verbindung mit dem Zâr-Kult. Als klassisches Segensamulett besitzt es die Form eines zunehmenden Halbmondes. Der Fisch auf der Vorderseite symbolisiert den Wunsch nach Fruchtbarkeit und Glück. Im Zâr-Kult steht der Fisch für den Flussgeist. Auf tropfenförmigen Amuletten, die ebenfalls im Kontext des Fruchtbarkeitswunsches stehen, ist nicht selten das Abbild der Fisch-Frau Safina zu finden (Seiwert 2007).

Nicht zuletzt im deutschen Märchen vom „Fischer und seiner Frau" taucht der Butt als Wunschfisch auf. Er erfüllt dem Fischer Wünsche, die dessen unzufriedene Frau äußert. Erst als sie die maßlose Forderung stellt, wie Gott zu werden, greift der Fisch regulierend ein und bringt das Paar auf den Boden der Tatsachen zurück – in die ärmliche Fischerhütte. Hier wird die Nähe zu den weisen mythischen Meeresgottheiten erkennbar, die die Menschheit voran bringen können.

Literatur

Baines, J., Pinch, G. (1998): Ägypten. Isis – Die treue Witwe. In: Roy Willis (Hrsg.), Mythen der Welt. Genehmigte Sonderausg. München, Orbis-Verl, S. 43.

Böhm, G. (1999): Sprache und Geschichte im kanarischen Archipel. Band III Epigraphik, Bd. 64. Wien (Veröffentlichung der Institute für Afrikanistik und Ägyptologie der Universität Wien; Beiträge zur Afrikanistik).

Brockington, J. (1998): Indien. Vishnus Inkarnationen. In: Roy Willis (Hrsg.): Mythen der Welt. Genehmigte Sonderausg. München, Orbis-Verl, S. 76.

Die heilige Schrift (1962): Die Bibel, nach der deutschen Übersetzung Martin Luthers, Württembergische Bibelanstalt Stuttgart.

Dölger, F. J. (1922): Der Heilige Fisch – in den antiken Religionen und im Christentum. Textband II. Bd. Münster, Westfalen, Verlag der Aschendorffschen Verlagsbuchhandlung.

Emrich, U., Kratzmeier, P., Nell, W., Riedel, W. (2010): Der Brockhaus Mythologie, Gütersloh.

Meyer, R. (1987): Alt-Peru. Leben, hoffen, sterben, ein Führer zur Alt-Peru-Sammlung der Völkerkunde-Abteilung des Lippischen Landesmuseums Detmold, 1. Aufl. Detmold, Lippisches Landesmuseum.

Seiwert, W.-D. (2007): Baraka – die Kraft des göttlichen Segens. In: Mamoun Fansa (Hrsg.): Zierde, Zauber, Zeremonien, Sigmaringen, Thorbecke (Schriftenreihe des Landesmuseums für Natur und Mensch, Literaturangaben), S. 95-102.

Unterberger, G. (1996): Das heilige Wissen der Dogon – Mythologie eines westafrikanischen Volkes in historisch-vergleichender Analyse. Bd. 55, Wien (Veröffentlichung der Institute für Afrikanistik und Ägyptologie der Universität Wien, Beiträge zur Afrikanistik).

Wehrhahn-Stauch, L. (1972): Christliche Fischsymbolik von den Anfängen bis zum hohen Mittelalter. In: Zeitschrift für Kunstgeschichte, S. 1-68.

Wieczorek, A., Tellenbach, M. (Hrsg.) (2002): An die Mächte der Natur – Mythen der altperuanischen Nasca-Indianer, Ausstellung „An die Mächte der Natur – Mythen der Altperuanischen Nasca-Indianer", 21. Juli bis 20. Oktober 2002, Reiss-Engelhorn-Museen Mannheim, Museum für Archäologie, Völkerkunde und Naturkunde, Mainz am Rhein, von Zabern.

Wir danken unseren Leihgebern

Deutsche Angelgeräte Manufaktur, Gunzenhausen
Deutsches Schiffahrtsmuseum Bremerhaven
Prof. Dr. Jürgen Dieckert, Oldenburg
Exzellenzcluster „Ozean der Zukunft“, Kiel
Michael Gautier M.Sc., Bremerhaven
GEOMAR Helmholtz-Zentrum für Ozeanforschung Kiel
Geowissenschaftliche Sammlung der Universität Bremen
Günter Grass-Haus, Lübeck
Udo Hibbeler, „Udos Angelshop“ und „Angelparadies Köstersee“, Oldenburg
Horst-Janssen-Museum, Oldenburg
Jochen Kusber, Rastede
Landesarchäologie Bremen
Landesmuseum Kunst und Kultur Oldenburg
Leibniz-Institut für Gewässerökologie und Binnenfischerei Berlin
Lippisches Landesmuseum Detmold
LWL-Archäologie für Westfalen, Münster
LWL-Museum für Naturkunde, Münster
Der Mellumrat e. V., Dangast
Neiki, Berlin
Niedersächsisches Institut für historische Küstenforschung, Wilhelmshaven
Niedersächsisches Landesmuseum Hannover
Nordseemuseum Bremerhaven
Oldenburgisch-Ostfriesischer Wasserverband, Brake
Schleswig-Holsteinische Landesmuseen, Schloß Gottorf, Schleswig
Sonia Schadwinkel, Bremen
Spranger Kunststoffe GmbH, Plauen
Übersee-Museum Bremen
Zoologisches Museum der CAU, Kiel

Wir danken den Autoren der Beiträge

Dr. Peter-René Becker
Landesmuseum Natur und Mensch
Damm 38-44
26135 Oldenburg

Dr. Frank Both
Donnerschweer Str. 12
26123 Oldenburg

Ute Kapaun/Dr. Jörn Schmidt
Exzellenzcluster „Ozean der Zukunft", CAU,
Christian-Albrechts-Platz 4
24118 Kiel

Michael Gautier, M. Sc.
Auf der Fregatte 15
27570 Bremerhaven

Dr. Ulf Beichle
Landesmuseum Natur und Mensch
Damm 38-44
26135 Oldenburg

Dr. Thomas Clemens/Dr. Eike Hartwig
Der Mellumrat e.V.
Zum Jadebusen 179
26316 Varel-Dangast

Prof. Dr. Uwe Waller
Hochschule für Technik und Wirtschaft
des Saarlandes
Goebenstr. 40
66117 Saarbrücken

Prof. Dr. Ulrich Saint-Paul
Leibniz-Zentrum für Marine Tropenökologie
(ZMT)
Fahrenheitstr. 6
28359 Bremen

Prof. Dr. Werner Kloas
Leibniz-Institut für
Gewässerökologie und
Binnenfischerei (IGB)
Müggelseedamm 301/310
12587 Berlin

Dr. Jens Salva
Landesfischereiverband Weser-Ems e.V.
– Sportfischereiverband –
Mars-La-Tour-Str. 6
26121 Oldenburg

Dipl.-Landw. Günter Brüning
Röwekamp 9
26121 Oldenburg

Dr. Jörn Gessner
Leibniz-Institut für
Gewässerökologie und
Binnenfischerei (IGB)
Müggelseedamm 301/310
12587 Berlin

Dr. Andreas Moss
An der Kreuzkirche 16
26131 Oldenburg

PD Dr. Franz Hölker
Leibniz-Institut für
Gewässerökologie und
Binnenfischerei (IGB)
Müggelseedamm 301/310
12587 Berlin

Prof. Dr. Jens Krause
Leibniz-Institut für
Gewässerökologie und
Binnenfischerei (IGB)
Müggelseedamm 301/310
12587 Berlin

Kirsten Preuss
Landesmuseum Natur und Mensch
Damm 38-44
26135 Oldenburg